Cómo elegir una prueba estadística

6 criterios para seleccionar procedimientos estadísticos en tesis y artículos científicos

José Supo

BIOESTADISTICO

2026

CRÉDITOS EDITORIALES

Título de la publicación:
Cómo elegir una prueba estadística: 6 criterios para seleccionar procedimientos estadísticos en tesis y artículos científicos

Número de edición:
Segunda edición

Autor:
José Antonio Supo Condori

Edición e impresión:
BIOESTADISTICO Empresa Educativa EIRL. Av. Faustino Sánchez Carrión 615, Oficina 1008, Jesús María, Lima, Perú.

Mes y año de edición:
Setiembre de 2026

Tiraje de la publicación (edición Perú):
1 000 ejemplares

Depósito legal:
Biblioteca Nacional del Perú Nº 2026-09373

ISBN:
978-612-99163-4-7

DERECHOS Y LICENCIA DE USO

CÓMO CITAR ESTE LIBRO

APA 7.ª edición:
Supo, J. A. (2026). Cómo elegir una prueba estadística: 6 criterios para seleccionar procedimientos estadísticos en tesis y artículos científicos (2.ª ed.). BIOESTADISTICO.

Vancouver:
Supo JA. Cómo elegir una prueba estadística: 6 criterios para seleccionar procedimientos estadísticos en tesis y artículos científicos. 2.ª ed. Lima: BIOESTADISTICO; 2026.

NOTA DE IMPRESIÓN

Edición Perú (imprenta local): Impreso en el Perú.
Edición internacional (Amazon KDP): Printed in the USA by Amazon KDP

CONTENIDO

After office entre ruidos, datos y ANOVA

Una conversación después del Taller Lima48

Era sábado por la tarde. El taller Lima48 había terminado y Joel, Marta y Felipe continuaron conversando en Zarelle. Mientras esperaban la pizza, recordaron un hallazgo presentado en el taller: cuando aumenta el ruido urbano, el bienestar mental tiende a disminuir. Esto no demuestra que el ruido sea la única causa, pero sí muestra que ambas variables están relacionadas.

—Podríamos medir el ruido en cuatro lugares de Jesús María —propuso Marta.

Felipe escribió en una servilleta: Campo de Marte, Plaza San José, Centro Comercial San Felipe y Parque Próceres de la Independencia. Joel propuso comenzar por la pregunta más sencilla: ¿los cuatro lugares tienen el mismo promedio de ruido?

Tabla 1. Promedio de ruido por localidad

Localidad	n	Promedio (dB)	IC 95 %
Campo de Marte	24	75.0	73.6–76.4
Plaza San José	24	72.0	70.5–73.5
Centro Comercial San Felipe	24	59.0	57.2–60.8
Parque Próceres de la Independencia	24	62.0	59.9–64.1

—Campo de Marte parece ser el más ruidoso —dijo Felipe.

—Sí, pero debemos comprobar si las diferencias son mayores que las variaciones normales de una medición —explicó Joel—. El ANOVA mira los cuatro promedios al mismo tiempo. Como el resultado general fue significativo, Tukey comparó después todas las parejas.

Tabla 2. ANOVA simple y comparaciones múltiples de Tukey

Resultado	Diferencia (dB)	F	p	Decisión
ANOVA global	–	85.85	< 0.001	Hay diferencias
Campo de Marte – San Felipe	16.0	–	< 0.001	Significativa
Campo de Marte – Próceres	13.0	–	< 0.001	Significativa
Campo de Marte – San José	3.0	–	0.059	No significativa
Plaza San José – San Felipe	13.0	–	< 0.001	Significativa
Plaza San José – Próceres	10.0	–	< 0.001	Significativa
Próceres – San Felipe	3.0	–	0.059	No significativa

Cuatro parejas fueron diferentes. Campo de Marte y Plaza San José presentaron promedios semejantes; lo mismo ocurrió entre Centro Comercial San Felipe y Parque Próceres de la Independencia.

Conclusión 1: para comparar el ruido promedio de las cuatro localidades y localizar las diferencias, corresponde aplicar un ANOVA simple seguido de comparaciones múltiples de Tukey.

Marta observó la servilleta y preguntó quién realizaría las mediciones. Joel explicó que trabajarían tres evaluadores y que cada uno mediría ocho veces en cada lugar.

—Entonces quien mide puede influir en el resultado —advirtió Marta—. Una persona puede acercarse más a la avenida y otra ubicarse en un punto más tranquilo.

Joel confirmó que ahora debían comparar las localidades controlando esa influencia. Cada evaluador funcionaría como un bloque: mediría los cuatro lugares y permitiría separar la diferencia entre localidades de la diferencia atribuible a quien mide.

Tabla 3. ANOVA en bloques

Fuente	gl	SC	CM	F	p
Localidad	3	4272.00	1424.00	103.89	< 0.001
Evaluador	2	292.45	146.23	10.67	< 0.001
Error	90	1233.64	13.71	—	—

Las localidades continuaron mostrando diferencias después de controlar quién realizó la medición. El evaluador también aportó variación, de modo que ya no convenía tratarlo como un detalle sin importancia.

Conclusión 2: para comparar las localidades controlando la influencia de quien mide, corresponde aplicar un ANOVA en bloques.

Felipe miró la tabla y planteó otra posibilidad.

—¿Qué pasa si un evaluador registra más que los demás en Campo de Marte, pero menos en San Felipe?

Joel explicó que esa pregunta ya no se resolvía únicamente controlando al evaluador. Era necesario estudiar si su comportamiento cambiaba según la localidad. A esa combinación la llamaron interacción.

Tabla 4. ANOVA factorial

Fuente	gl	SC	CM	F	p
Localidad	3	4272.00	1424.00	50.62	< 0.001
Evaluador	2	292.45	146.23	5.20	0.049
Localidad × evaluador	6	168.78	28.13	2.22	0.049
Error	84	1064.87	12.68	—	—

Los evaluadores presentaron diferencias globales (p = 0.049) y la interacción también fue significativa (p = 0.049). En palabras sencillas, la diferencia entre ellos no se mantuvo igual en todos los lugares.

Conclusión 3: para estudiar la localidad, el evaluador y la interacción entre ambos, corresponde aplicar un ANOVA factorial.

Cuando llegó la pizza, Joel planteó una última pregunta: ¿podían confiar en el sistema de medición?

Explicó que el sistema podía variar de dos maneras. Si una misma persona repetía la medición y obtenía resultados muy distintos, fallaba la repetibilidad. Si diferentes personas medían el mismo lugar y no coincidían, fallaba la reproducibilidad.

—Entonces debemos separar las diferencias verdaderas entre los lugares de las diferencias producidas al medir —resumió Marta.

—Exactamente —respondió Joel—. Para eso usamos la misma estructura del ANOVA, pero ahora la pregunta es cuánto aporta cada fuente al sistema de medición.

Tabla 5. ANOVA del sistema de medición

Fuente	**gl**	**SC**	**CM**	**F**	**p**
Localidad	3	4272.00	1424.00	50.62	< 0.001
Evaluador	2	292.45	146.23	5.20	0.049
Localidad × evaluador	6	168.78	28.13	2.22	0.049
Error	84	1064.87	12.68	—	—

Tabla 6. Componentes de variación del sistema de medición

Fuente	Componente de varianza	% contribución	% variación del estudio
R&R total	18.299	23.9	48.9
Repetibilidad	12.677	16.6	40.7
Reproducibilidad	5.622	7.4	27.1
Parte a parte	58.161	76.1	87.2

El R&R total representó 48.9 % de la variación del estudio. La repetibilidad (40.7 %) fue mayor que la reproducibilidad (27.1 %), en una relación aproximada de 1.5 a 1. En mediciones urbanas con sonómetro, una parte de la repetibilidad puede reflejar cambios reales del ruido entre momentos y no necesariamente una falla del instrumento. Estos porcentajes expresan variación del estudio y no se suman directamente. El sistema de medición no es sostenible y requiere revisar principalmente las repeticiones, sin descuidar las diferencias entre evaluadores.

Conclusión 4: para separar la variación real entre localidades de la variación producida por las repeticiones y los evaluadores, corresponde realizar un estudio R&R.

La conversación había comenzado con una pregunta sobre el ruido y terminó con cuatro formas de analizar los mismos datos. Joel había guiado a Marta y Felipe desde la pregunta más sencilla hasta la más compleja. Así comprendieron que cada procedimiento debe elegirse de acuerdo con lo que se quiere averiguar.

Al leer el resultado, los tres dejaron de hablar. Con un R&R de 48.9 %, el sistema de medición no servía: casi la mitad de la variación podía provenir de las repeticiones y de los evaluadores, no de las localidades. La pizza se enfrió sobre la mesa mientras afuera rugía la ciudad. Habían medido el ruido toda la tarde y, al final, ya no podían saber qué parte de aquel ruido era real.

Progresión del análisis estadístico

Al terminar la conversación, Marta y Felipe comprendieron que los mismos datos podían responder preguntas diferentes. El análisis no avanzaba por acumular cálculos, sino porque cada pregunta exigía una forma distinta de estudiar el ruido. La progresión comenzaba con la descripción y terminaba con la evaluación del sistema de medición.

La estimación estadística fue el primer paso. Los promedios resumieron el ruido registrado en cada localidad y los intervalos de confianza expresaron su precisión. Así, no solo conocieron el valor observado, sino también el rango donde podía encontrarse razonablemente el verdadero promedio de cada lugar.

La prueba estadística permitió determinar si los cuatro promedios podían considerarse iguales. El ANOVA simple comparó la variación entre las localidades con la variación interna. El resultado mostró diferencias mayores de las atribuibles al azar, aunque todavía no identificaba entre qué localidades se encontraban.

La técnica estadística combinó la prueba F con las comparaciones múltiples de Tukey. La primera detectó una diferencia global y las segundas examinaron todas las parejas para localizarla. Así descubrieron que algunas localidades diferían claramente, mientras que otras presentaban promedios estadísticamente semejantes.

El modelamiento estadístico incorporó la complejidad del diseño. El ANOVA en bloques controló la influencia de quien medía y el ANOVA factorial examinó la localidad, el evaluador y su interacción. Así comprobaron que las diferencias entre evaluadores podían cambiar según el lugar donde se realizaba la medición.

La metodología estadística de mejora continua evaluó el sistema de medición. El estudio R&R separó la variación real entre localidades de la originada por las repeticiones y los evaluadores. Los datos fueron siempre los mismos; lo que cambió fue el propósito y, con él, el procedimiento estadístico requerido.

PRIMERA PARTE
LOS SEIS CRITERIOS

1. PRIMER CRITERIO EL NIVEL INVESTIGATIVO

El nivel investigativo es el primer criterio para seleccionar un procedimiento estadístico. Delimita la complejidad analítica compatible con la pregunta y evita iniciar la decisión por el nombre de una prueba. Antes de calcular, debe definirse qué clase de conocimiento se desea producir.

La ruta distingue seis niveles: exploratorio, descriptivo, relacional, explicativo, predictivo y aplicativo. La complejidad del análisis aumenta desde la exploración, que carece de análisis estadístico, hasta la aplicación, que incorpora control, capacidad y evaluación de procesos mediante procedimientos especializados.

Cada nivel orienta objetivos y familias analíticas distintas. Describir conduce al análisis univariado; relacionar, al análisis bivariado; explicar, al control de factores y a los diseños experimentales; predecir, al modelamiento; y aplicar, a la mejora continua. El nivel elegido abre la ruta para los cinco criterios restantes.

Los seis niveles investigativos y sus procedimientos estadísticos

El nivel exploratorio delimita un problema, reconoce actores, contextos y variables posibles. No desarrolla análisis estadístico en sentido estricto, aunque puede registrar mediciones objetivas o documentos. Su producto es una pregunta investigable, una población definida y una ruta conceptual para estudios posteriores.

El nivel descriptivo analiza una variable de interés. Para variables categóricas utiliza frecuencias absolutas, relativas, razones y tasas; para variables numéricas, media, mediana, desviación estándar, rango y percentiles. También puede estimar proporciones o medias poblacionales mediante intervalos de confianza.

El nivel relacional examina vínculos entre dos variables sin atribuir causalidad. Puede comparar proporciones con chi cuadrado de homogeneidad, promedios con t de Student o ANOVA, cambios categóricos con McNemar y relaciones numéricas con Pearson o Spearman. La dependencia entre observaciones define la prueba compatible.

El nivel explicativo estima efectos y controla variables que pueden distorsionar una relación. Utiliza regresión lineal múltiple, regresión logística, análisis estratificado, modelos de supervivencia y diseños experimentales. La interpretación causal exige temporalidad, control de factores intervinientes y una ejecución rigurosa del diseño.

El nivel predictivo anticipa la ocurrencia, magnitud o evolución de un resultado con información disponible. Emplea regresión lineal para valores numéricos, regresión logística para desenlaces dicotómicos, Kaplan–Meier y Cox para tiempo hasta un evento, además de series temporales para proyectar valores futuros.

El nivel aplicativo interviene procesos reales mediante estadística de calidad. Incluye estudios de repetibilidad y reproducibilidad, gráficos de control, análisis de capacidad y muestreo de aceptación. Sus procedimientos evalúan si una mejora se sostiene, si el proceso cumple especificaciones y qué decisión operativa corresponde adoptar.

1.1. El nivel exploratorio

El nivel exploratorio antecede al análisis estadístico. Se emplea cuando el campo, la línea de investigación o el problema requieren delimitación sustantiva. Su exigencia cognitiva es alta: demanda reconocer qué hechos importan, qué conceptos deben precisarse y qué preguntas justifican una investigación posterior.

Puede incluir observación, revisión documental, diálogo con actores y mediciones de variables objetivas. Registrar tiempos, edades, fallas o eventos ayuda a conocer el terreno, pero no constituye análisis estadístico. Estas operaciones no estiman parámetros, no contrastan hipótesis ni vinculan variables.

La tarea central es delimitar el fenómeno. El investigador define qué hecho merece estudio, qué población participa, qué condiciones importan y qué información falta. Esa decisión exige experticia en el área y en la línea de investigación, más que dominio de procedimientos numéricos o estadísticos.

Una fase exploratoria puede reconocer categorías, procesos, obstáculos, necesidades y posibles variables. En una escuela advierte barreras de aprendizaje; en una empresa, fallas operativas; en un juzgado, demoras recurrentes. El resultado no prueba relaciones ni justifica conclusiones sobre causas o efectos.

El error consiste en usar una prueba estadística para aparentar rigor ante un problema impreciso. Ningún p-valor corrige una población mal definida, un concepto ambiguo o una variable sin sustento. Antes de calcular debe definirse qué se estudiará, en quiénes, dónde y bajo qué condiciones.

El producto exploratorio deja una ruta para continuar el estudio. Debe precisar el problema, reconocer la población, proponer variables candidatas y formular objetivos viables. Con estas decisiones justificadas puede avanzarse al nivel descriptivo, donde inicia formalmente el análisis estadístico.

1.2. El nivel descriptivo

El nivel descriptivo corresponde al análisis univariado porque examina las variables de una en una. Su finalidad es resumir, ordenar y presentar los datos obtenidos sin relacionarlos entre sí. En este nivel, los fenómenos definidos previamente se convierten en mediciones que pueden caracterizarse estadísticamente.

En el momento no inferencial, el análisis caracteriza al grupo observado. La variable de estudio es la variable de interés y las demás cumplen una función de caracterización. Los resultados se limitan a las unidades evaluadas; no pretenden generalizar por sí mismos hacia una población mayor.

Las variables numéricas se describen con medidas de tendencia central, dispersión, posición y forma. Media, mediana y moda resumen la distribución; desviación estándar, varianza y rango expresan variabilidad; los percentiles ubican posiciones. El resumen debe ajustarse al comportamiento de los datos.

Las variables categóricas se describen mediante frecuencias absolutas, relativas y acumuladas. Según el propósito, se informan proporciones, razones o tasas. Puede señalarse que 12.7 % de estudiantes culminó un curso, siempre que se indique el denominador, el grupo y el periodo observado.

En el momento inferencial se estiman parámetros poblacionales a partir de una muestra. Una variable numérica permite estimar una media y su intervalo de confianza; una categórica permite estimar una proporción. La precisión depende del tamaño muestral, la variabilidad y el método de selección.

El nivel descriptivo también contrasta un resultado frente a un parámetro esperado. Para variables numéricas corresponde la t de Student para una muestra; para categóricas, el chi cuadrado de bondad de ajuste. La decisión surge del objetivo: caracterizar, estimar o contrastar una variable.

1.3. El nivel relacional

El nivel relacional corresponde al análisis bivariado. Establece vínculos entre dos variables sin pretender demostrar causalidad. Puede comparar, asociar, correlacionar o medir fuerza de relación. Cada acción responde una pregunta distinta, aunque las variables se organicen en una misma tabla o conjunto de datos.

Cuando el objetivo es comparar, se evalúa si una variable aleatoria difiere entre niveles de una variable fija. Si el resultado es numérico pueden emplearse t de Student o ANOVA; si es categórico, chi cuadrado de homogeneidad. Se valora si las diferencias exceden lo atribuible al azar.

Cuando el objetivo es asociar, se trabaja con dos variables categóricas. El chi cuadrado de independencia o la prueba exacta de Fisher evalúan si existe dependencia estadística entre categorías. La tabla de contingencia no convierte este resultado en comparación: ambas acciones exigen decisiones distintas.

Cuando el objetivo es correlacionar, se mide dirección y magnitud de la relación entre variables numéricas u ordinales. Pearson, Spearman o Kendall se seleccionan según la escala y el comportamiento de los datos. Correlacionar no significa comparar grupos ni demostrar que una variable cause otra.

También puede medirse la fuerza del vínculo. Para variables categóricas se emplean RR, OR, V de Cramer, Phi o Kappa; para numéricas, coeficientes de correlación. Estas medidas cuantifican la magnitud de la relación y deben acompañarse de incertidumbre, además de la prueba cuando corresponda.

El nivel relacional no debe llamarse solo correlacional, pues correlacionar es una parte del análisis bivariado. La selección final exige definir objetivo, tipo de variables, independencia de observaciones y supuestos. El informe describe vínculos estadísticos, sin extender sus conclusiones hacia causalidad.

1.4. El nivel explicativo

El nivel explicativo corresponde al análisis multivariado y evalúa relaciones causales entre variables. Busca descartar relaciones espurias, aleatorias o casuales. El análisis estima el efecto neto de variables independientes sobre una dependiente, mientras controla factores intervinientes que pueden distorsionar la relación principal.

La variable dependiente recibe el nombre de desenlace, efecto, respuesta o resultado que se intenta explicar. Las independientes son factores capaces de producir cambios en ese desenlace. Las variables de control ajustan la relación principal y evitan que una asociación aparente se confunda con causalidad.

Cuando el objetivo es evidenciar, se estima la influencia de una exposición sobre un desenlace y se controlan factores que alteran esa relación. Pueden emplearse análisis estratificados, regresión logística, regresión lineal múltiple u otros modelos multivariados, según la variable dependiente.

Cuando el objetivo es demostrar, el análisis corresponde a estudios experimentales y sus sucedáneos. El control se fortalece mediante aleatorización y grupos de comparación cuando el diseño lo admite. Pueden utilizarse ANOVA, modelos lineales generales, diseños en bloques, cuadrados latinos o factoriales.

Cuando el objetivo es probar, se evalúa la consistencia del efecto encontrado. No basta un resultado significativo aislado; debe revisarse si el efecto conserva dirección, magnitud y estabilidad en subgrupos, mediciones repetidas, contextos distintos o métodos alternativos de análisis y observación.

La estadística explicativa convierte una relación en evaluación causal controlada. Estima efectos ajustados, reduce sesgos y separa asociaciones aparentes de relaciones plausibles. La conclusión requiere además coherencia teórica, temporalidad y calidad del diseño; el cálculo no reemplaza esos criterios metodológicos.

1.5. El nivel predictivo

El nivel predictivo corresponde al modelamiento estadístico orientado a anticipar resultados futuros. No busca demostrar causalidad, sino estimar probabilidad, valor esperado o tiempo probable de un desenlace. Su objeto central es el desempeño del modelo en datos nuevos, no la explicación de cada coeficiente.

La variable de estudio recibe el nombre de variable endógena o variable a predecir. Las auxiliares son exógenas, predictoras o características de entrada. La calidad depende de su correcta operacionalización, de la pertinencia de los predictores y de que conserven estabilidad y baja redundancia.

Cuando el objetivo es predecir, se estima la probabilidad de un evento. Pueden emplearse regresión, ecuaciones estructurales, árboles de decisión, bosques aleatorios o redes neuronales. El modelo se evalúa con sensibilidad, especificidad, precisión, AUC, error cuadrático medio u otras medidas de desempeño.

Cuando el objetivo es pronosticar, se incorpora la dimensión temporal hasta la ocurrencia de un evento. Kaplan-Meier, log-rank, regresión de Cox o modelos paramétricos de supervivencia estiman no solo si el evento ocurrirá, sino también cuándo puede ocurrir. El tiempo pasa a ser parte del resultado.

Cuando el objetivo es proyectar, se trabaja con datos ordenados cronológicamente. Las series de tiempo identifican tendencias, estacionalidad, ciclos y variación irregular mediante modelos como ARIMA, SARIMA o suavizamiento exponencial. La proyección exige reconocer la estructura temporal antes de extenderla al futuro.

El análisis predictivo transforma datos previos en modelos que anticipan escenarios, clasifican riesgos o estiman desenlaces. Su validez se juzga por su capacidad para generalizar y predecir con precisión en nuevos datos. Debe incluir validación, desempeño y límites de uso, sin confundir predicción con causalidad.

1.6. El nivel aplicativo

El nivel aplicativo emplea metodologías de mejora continua para intervenir procesos reales y evaluar sus resultados. No se limita a comprobar un cambio: determina si la mejora responde a una necesidad, se sostiene y puede incorporarse al funcionamiento habitual de una organización o servicio.

La variable principal se llama evaluativa porque expresa el resultado por mejorar. Las demás sirven para calibración, control o seguimiento. El análisis observa el proceso antes, durante y después de las acciones aplicadas, en vez de limitarse al valor final alcanzado. La medición debe ser estable.

Cuando el objetivo es monitorear, se establece una línea base y se observa la evolución de indicadores críticos. Las cartas de control, gráficos de tendencia y métricas de desempeño distinguen variación natural, causas especiales y desviaciones que requieren una acción correctiva dentro del proceso.

Cuando el objetivo es calibrar u optimizar, se examinan ajustes que acercan el proceso al estándar definido. Pueden emplearse análisis de variabilidad, regresión, ANOVA e índices de capacidad como Cp y Cpk. El interés es obtener una configuración eficiente, precisa y estable para la operación evaluada.

Controlar y consolidar exige verificar que la mejora permanezca en límites aceptables. Los planes de control, la vigilancia de indicadores y las tendencias separan una mejora sostenida de una fluctuación ocasional. El proceso debe conservar desempeño cuando cambien condiciones ordinarias de trabajo.

Las metodologías aplicativas son útiles en educación, administración, salud, derecho e ingeniería. Pueden mejorar trámites, reducir errores, acortar tiempos o estabilizar servicios. El informe describe línea base, indicadores, ajustes y evidencia de sostenibilidad antes de recomendar una decisión.

2. SEGUNDO CRITERIO EL OBJETIVO DEL ESTUDIO

El objetivo del estudio define qué conocimiento se desea producir y qué acción debe realizarse con los datos. Describir, estimar, comparar, asociar, correlacionar, explicar, predecir y evaluar no son verbos equivalentes. Cada uno formula una pregunta distinta y orienta una familia particular de procedimientos estadísticos.

La selección no comienza con una tabla ni con el nombre de una prueba. Si el objetivo es describir, corresponden frecuencias o medidas de resumen; si es comparar, se examinan diferencias entre grupos o momentos; si es asociar o correlacionar, se estudia el vínculo entre variables. La acción precede al cálculo.

Un objetivo preciso declara el verbo, la variable, la población y la condición que se analizará. Esta formulación permite reconocer si corresponde una medida, una prueba, una técnica o un modelo. Después se revisan el tipo de variable, el estudio, el diseño y el comportamiento de los datos para completar la decisión.

El objetivo del estudio define la acción estadística

El objetivo del estudio declara qué conocimiento se desea producir y, en consecuencia, qué acción estadística corresponde ejecutar. Antes de elegir una prueba, el investigador debe precisar si busca describir, estimar, comparar, asociar, correlacionar, explicar, predecir o evaluar un proceso determinado.

Describir caracteriza una variable en las unidades observadas. Para categorías se utilizan frecuencias y porcentajes; para valores numéricos, medidas de tendencia central y dispersión. Estimar amplía ese alcance hacia la población mediante proporciones, medias, razones o intervalos de confianza obtenidos a partir de una muestra.

Comparar determina si una variable de resultado difiere entre grupos, condiciones o momentos. Puede contrastar proporciones, promedios, medianas u otras medidas. La selección depende de la naturaleza del resultado, del número de grupos y, especialmente, de si las observaciones pertenecen a unidades independientes o relacionadas.

Asociar examina la dependencia entre variables categóricas; correlacionar cuantifica la dirección y magnitud de la variación conjunta entre medidas numéricas u ordinales. Una tabla de contingencia puede servir para comparar o asociar, pero la pregunta formulada define la acción y evita utilizar el mismo procedimiento con fines distintos.

Explicar busca estimar el efecto de una exposición o intervención sobre un desenlace, controlando factores intervinientes. Predecir anticipa un resultado futuro mediante información disponible. Aunque ambos pueden utilizar regresiones, el primero exige coherencia causal y el segundo se juzga por su desempeño frente a datos nuevos.

El objetivo estadístico debe redactarse con un verbo preciso, una variable definida y una población o unidad de análisis reconocible. Una formulación vaga produce decisiones intercambiables y resultados difíciles de defender. El objetivo dirige la selección de la medida, la prueba, la técnica o el modelo que completa el procedimiento estadístico.

2.1. Objetivo describir

Describir consiste en caracterizar el comportamiento de una variable en una población o muestra. El objetivo responde preguntas como: ¿cuál es la distribución?, ¿con qué frecuencia aparece una categoría?, ¿cuál es el valor habitual? El análisis se concentra en la variable de interés antes de buscar relaciones con otras variables.

En variables categóricas, la descripción utiliza frecuencias absolutas, porcentajes y porcentajes acumulados. Una investigación educativa puede describir el nivel de logro de los estudiantes; un estudio jurídico, la frecuencia de determinados tipos de resolución. La categoría debe conservar su definición original durante todo el análisis.

Las variables numéricas requieren medidas que resuman su localización y variabilidad. La media, la mediana, la desviación estándar, el rango intercuartílico y los percentiles responden a distribuciones y propósitos diferentes. Informar solo un promedio puede ocultar asimetrías, dispersión elevada o valores extremos relevantes.

La descripción también exige distinguir la variable principal de las variables que caracterizan a la población. En un estudio sobre productividad, la productividad puede ser la variable de interés, mientras que la antigüedad laboral, el área de trabajo y la modalidad contractual describen el contexto de los participantes.

Un objetivo descriptivo puede incorporar estimaciones. Una proporción, una media o una tasa calculada en una muestra puede acompañarse de un intervalo de confianza para aproximar un valor poblacional. La estimación añade precisión, aunque el análisis conserva su naturaleza univariada si no relaciona variables.

El resultado descriptivo debe comunicar una propiedad verificable de los datos y no anticipar conclusiones que el diseño no sustenta. Después de caracterizar la variable, el investigador puede decidir si corresponde comparar, asociar o correlacionar. La descripción suele ser el punto de partida de los demás objetivos estadísticos.

2.2. Objetivo comparar

Comparar busca determinar si dos o más grupos, condiciones o mediciones difieren respecto de una variable de resultado. La pregunta central no es si las variables aparecen juntas, sino si los valores observados cambian entre los grupos definidos por el estudio. Esta diferencia orienta la familia de procedimientos aplicable.

Primero reconocer si las observaciones son independientes o relacionadas. Dos grupos de estudiantes pertenecientes a aulas distintas forman grupos independientes; las calificaciones de los mismos estudiantes antes y después de una estrategia didáctica son mediciones relacionadas. Ambas situaciones exigen procedimientos diferentes.

El tipo de variable de resultado también delimita la comparación. Cuando el resultado es categórico se comparan frecuencias o proporciones; cuando es numérico se comparan medias, medianas u otras medidas de localización. La variable que forma los grupos cumple una función distinta de la variable cuyo valor se contrasta.

El número de grupos modifica el análisis. Comparar dos grupos no plantea la misma situación que comparar tres o más grupos, y repetir contrastes por pares sin una estrategia previa aumenta el riesgo de conclusiones erróneas. La comparación debe planificarse según el objetivo y la estructura completa del estudio.

El valor de p no resume por sí solo una comparación. También deben presentarse la diferencia estimada, su intervalo de confianza y, cuando corresponde, una medida de magnitud del efecto. Una diferencia pequeña puede alcanzar significación estadística en muestras grandes y conservar escasa relevancia práctica o sustantiva.

La conclusión debe indicar qué grupos se compararon, cuál fue la variable de resultado y en qué dirección se observó la diferencia. No basta con afirmar que "hubo diferencia significativa". La comparación adquiere sentido cuando conserva correspondencia con la población, el momento de medición y la pregunta que originó el análisis.

2.3. Objetivo asociar

Asociar busca examinar si dos variables categóricas se presentan vinculadas con una frecuencia distinta de la esperada por azar. El interés recae en la dependencia estadística entre condiciones, atributos o clasificaciones. Por ejemplo, puede analizarse la asociación entre modalidad de estudio y aprobación, o entre tipo de contrato y rotación laboral.

La información suele organizarse en una tabla de contingencia. Cada celda reúne la frecuencia de unidades que comparten una categoría de la primera variable y una categoría de la segunda. La tabla no decide por sí sola el objetivo: con una estructura de 2×2 también puede desarrollarse una comparación, según la pregunta formulada.

Cuando el propósito es comprobar dependencia entre variables categóricas, corresponde una prueba de asociación, como el Chi cuadrado de independencia. Su hipótesis nula plantea que las variables no se relacionan en la población. La decisión exige revisar las frecuencias esperadas antes de interpretar el resultado.

Las frecuencias esperadas condicionan la validez de la aproximación habitual del Chi cuadrado. En tablas pequeñas o con celdas escasamente ocupadas puede requerirse una prueba exacta u otra alternativa compatible. La corrección no se elige por rutina: responde a la distribución concreta de los datos en la tabla.

La asociación puede acompañarse de una medida de fuerza. El Odds Ratio, el Riesgo Relativo, el coeficiente Phi o V de Cramer cuantifican relaciones bajo condiciones distintas. La elección depende del diseño, del número de categorías y de la interpretación que admite la medida, no solo de la significación estadística.

Una asociación estadística no demuestra que una variable cause la otra. Puede intervenir una tercera variable, una selección particular de participantes o una medición deficiente de las categorías. El objetivo asociativo informa que existe una relación compatible con los datos; la explicación causal exige otro nivel de razonamiento y análisis.

2.4. Objetivo correlacionar

Correlacionar busca cuantificar la dirección y la magnitud de la relación entre dos variables numéricas u ordinales. La pregunta no se refiere a diferencias entre grupos ni a dependencia entre categorías. Interesa establecer si los valores de una variable tienden a aumentar, disminuir o mantenerse sin un patrón lineal respecto de la otra.

Antes de calcular un coeficiente, conviene examinar la relación mediante un diagrama de dispersión. Este gráfico muestra patrones curvilíneos, agrupamientos, valores extremos o cambios de variabilidad que un único número puede ocultar. La representación visual forma parte del análisis y orienta la elección del coeficiente.

La correlación de Pearson se utiliza cuando interesa una relación lineal entre variables numéricas y las condiciones de su aplicación son razonables. Spearman y Kendall resultan pertinentes para rangos, variables ordinales o relaciones monotónicas que no requieren los mismos supuestos. El nombre de la prueba depende de la estructura de los datos.

Un coeficiente cercano a cero no siempre indica ausencia de relación. Puede existir una relación curvilínea, una restricción artificial del rango o una influencia importante de valores extremos. Del mismo modo, una correlación alta puede provenir de una tendencia común sin que las variables se influyan directamente entre sí.

La interpretación requiere informar el valor y el signo del coeficiente, su intervalo de confianza cuando sea posible y la evidencia obtenida al contrastar la hipótesis de correlación nula. Un resultado como $r = 0.62$ comunica una relación positiva de determinada intensidad, pero no reemplaza el examen de su significado sustantivo.

Correlacionar no establece causalidad ni identifica automáticamente una variable predictora. La dirección temporal, los factores intervinientes y la calidad de la medición permanecen abiertos a evaluación. Si el propósito posterior consiste en explicar o predecir, el estudio debe avanzar hacia modelos y criterios compatibles con esos objetivos.

2.5. Objetivo explicar

Explicar busca estimar el efecto de una o varias variables sobre un resultado y sostener una interpretación causal. El objetivo requiere algo más que detectar una diferencia o una asociación. Debe establecer qué variable cumple el papel de posible causa, cuál expresa el resultado y cuáles pueden intervenir en la relación observada.

La variable dependiente recoge el desenlace que se desea explicar; las variables independientes plantean factores, exposiciones o condiciones que podrían modificarlo. Las variables intervinientes requieren control porque pueden distorsionar la estimación del efecto. Esta arquitectura debe definirse antes de seleccionar el modelo estadístico.

En estudios observacionales, la explicación utiliza estrategias de ajuste, estratificación o modelamiento multivariado. Una regresión lineal múltiple, una regresión logística o un modelo de riesgos proporcionales pueden estimar efectos condicionados a otras variables. El ajuste estadístico reduce confusión medible, pero no corrige toda limitación del diseño.

Los estudios experimentales, cuasiexperimentales y sus sucedáneos pertenecen al nivel explicativo. Su propósito consiste en estimar y explicar efectos de una intervención bajo condiciones de control. La asignación, el grupo de comparación, la temporalidad y la medición del desenlace determinan la credibilidad de la conclusión causal.

La selección del modelo depende del tipo de resultado, de la relación funcional propuesta, de la estructura de las observaciones y de los supuestos. Un modelo correcto no se elige por producir el menor valor de p. Debe responder a la pregunta causal, conservar coherencia con el diseño y facilitar una interpretación verificable.

Explicar obliga a integrar magnitud del efecto, temporalidad, control de variables y consistencia con el conocimiento disponible. La estadística entrega evidencia cuantitativa dentro de ese razonamiento; no sustituye sus condiciones metodológicas. Cuando la pregunta se orienta al futuro, el objetivo cambia hacia la predicción.

2.6. Objetivo predecir

Predecir busca anticipar la ocurrencia, magnitud o evolución de un resultado a partir de información disponible. El resultado por anticipar recibe el nombre de variable objetivo, o desenlace. Las variables utilizadas para anticiparlo actúan como predictores, características o variables de entrada del modelo.

Un modelo predictivo puede anticipar si una empresa superará un umbral de ventas el próximo mes, la probabilidad de deserción de un estudiante o la duración esperada de una máquina antes de requerir mantenimiento. Cada caso demanda una estructura de datos particular.

Las regresiones con finalidad predictiva, los árboles de decisión, los bosques aleatorios, las redes neuronales, las series temporales y los modelos de supervivencia responden a problemas diferentes. El procedimiento se selecciona por el tipo de resultado, el tamaño de la base, la temporalidad y la necesidad de interpretación.

Un modelo predictivo debe evaluarse con información distinta de aquella utilizada para construirlo. La validación cruzada, la división entre muestras de desarrollo y validación, o la validación externa examinan si el rendimiento se mantiene frente a datos nuevos. Un ajuste excelente en la muestra inicial puede fracasar fuera de ella.

Las medidas de desempeño dependen del problema. En resultados categóricos pueden utilizarse sensibilidad, especificidad, precisión, calibración o área bajo la curva; en resultados numéricos, error absoluto, error cuadrático o diferencia entre valores observados y predichos. Ninguna medida aislada resume todos los aspectos del pronóstico.

Predecir con acierto no demuestra que los predictores sean causas del resultado. Un modelo puede tener alta capacidad de pronóstico y una explicación causal insuficiente. Al cerrar la ruta, el investigador debe declarar qué se desea obtener, para quiénes funcionará el modelo y bajo qué condiciones podrá emplearse la predicción.

3. TERCER CRITERIO EL TIPO DE VARIABLE

El tipo de variable orienta el procedimiento estadístico. Después de definir el nivel investigativo y el objetivo, se identifica qué información producirá cada variable. Esta decisión delimita las medidas, pruebas y modelos compatibles con los datos, y evita tratar como numérica una variable que solo clasifica categorías.

Las variables categóricas agrupan las unidades en clases nominales u ordinales; las numéricas registran cantidades discretas o continuas. La clasificación debe respetar la propiedad medida: los códigos administrativos no convierten una categoría en número, y el orden de una escala ordinal no garantiza distancias equivalentes entre respuestas.

La función analítica completa esta identificación. Una variable puede ser resultado, grupo, exposición, predictor o control según la pregunta formulada. Dos variables categóricas pueden conducir a asociación o comparación; una categórica y una numérica, a comparación de grupos; dos numéricas, a correlación o regresión.

El tipo de variable orienta el procedimiento estadístico

El tipo de variable es el tercer criterio para seleccionar un procedimiento estadístico. Después de definir el nivel investigativo y el objetivo, corresponde reconocer qué información producirá cada variable. Esta decisión delimita las medidas, pruebas y modelos que pueden utilizarse sin alterar el sentido de los datos.

Una variable es una característica de las unidades de estudio que puede observarse, medirse y variar. Puede ser rendimiento académico, diagnóstico, ingreso, antigüedad laboral o satisfacción. Antes del análisis debe precisarse su definición operacional y su función: resultado, grupo, exposición, predictor o variable de control.

La clasificación inicial distingue variables categóricas y numéricas. Las categóricas agrupan unidades en clases, como modalidad educativa, tipo de contrato o decisión judicial. Las numéricas registran cantidades, como edad, tiempo, puntaje o costo. Esta diferencia orienta cómo resumir y contrastar la información disponible.

Las variables categóricas nominales no presentan orden entre sus categorías; los códigos numéricos solo sirven para registrar datos. Las ordinales conservan una secuencia, como bajo, medio y alto, pero no aseguran que la distancia entre categorías sea equivalente. El análisis debe conservar la propiedad realmente medida.

Las variables numéricas admiten operaciones aritméticas. Son discretas cuando provienen de contar, como número de errores o accidentes, y continuas cuando proceden de mediciones, como concentración, tiempo o temperatura. Esta diferencia orienta distribuciones de probabilidad y procedimientos estadísticos posteriores.

Dos variables categóricas pueden conducir a comparación o asociación; una categórica y una numérica suelen organizar una comparación de grupos; dos numéricas pueden requerir correlación o regresión. La decisión se completa con el tipo de estudio, diseño y comportamiento de los datos.

3.1. Las variables categóricas

Una variable categórica clasifica las unidades de estudio en grupos definidos por una característica común. Puede registrar una condición, una respuesta, una pertenencia o un atributo: modalidad educativa, tipo de empresa, diagnóstico, área de residencia o decisión judicial. Cada unidad debe ocupar una categoría claramente establecida.

Las categorías deben ser mutuamente excluyentes y, en lo posible, exhaustivas. Una respuesta no puede pertenecer a dos categorías incompatibles, y el sistema de clasificación debe prever las situaciones relevantes. Las categorías ambiguas, solapadas o incompletas producen errores desde el registro y afectan todo análisis posterior.

Las variables categóricas pueden ser dicotómicas, cuando solo admiten dos resultados, o politómicas, cuando reúnen tres o más categorías. Aprobar o desaprobar es una variable dicotómica; el tipo de financiamiento de un proyecto es politómico. Esta diferencia condiciona tanto la descripción como el modelo estadístico posterior.

La descripción se realiza mediante frecuencias absolutas, proporciones y porcentajes. Las tablas y gráficos deben mostrar el denominador utilizado, las categorías sin respuesta y los datos perdidos cuando existan. Un porcentaje aislado carece de significado si no se conoce la población a la que se refiere ni la definición de la categoría.

El papel analítico de una variable categórica depende del objetivo. Puede funcionar como resultado, como criterio para formar grupos, como exposición o como factor de ajuste. Por ejemplo, el tipo de enseñanza puede formar grupos para comparar un puntaje, o ser el resultado que se pretende explicar mediante otras variables.

En términos probabilísticos, una variable dicotómica individual sigue una distribución de Bernoulli; los recuentos de respuestas dicotómicas siguen una binomial, y las variables con varias categorías, una multinomial. Estas distribuciones orientan pruebas como Chi cuadrado, contraste de proporciones y regresiones logísticas binarias o multinomiales

3.2. Variables categóricas nominales

Las variables categóricas nominales agrupan unidades sin establecer un orden entre sus categorías. Nacionalidad, carrera profesional, tipo de delito, sistema operativo o grupo sanguíneo son categorías distintas, pero ninguna es mayor, menor o mejor que otra desde el punto de vista de la medición.

Los códigos numéricos usados para registrar estas categorías tienen una función administrativa, no aritmética. Asignar 1 a presencial, 2 a virtual y 3 a híbrida no convierte esas modalidades en valores numéricos. Calcular promedios con dichos códigos produciría una cifra sin interpretación metodológica.

El análisis nominal compara frecuencias o proporciones entre categorías y examina su distribución. Una tabla de contingencia puede mostrar cómo se distribuye el tipo de contratación según el sector económico o cómo se relaciona una especialidad académica con la elección de un método de evaluación.

Cuando una variable nominal forma grupos y el resultado es numérico, organiza una comparación. Cuando dos variables nominales se estudian conjuntamente, puede interesar la asociación o la homogeneidad de sus distribuciones. La acción declarada en el objetivo decide si la misma tabla responde una pregunta de comparación o de asociación.

Cuando la variable nominal ingresa a un modelo. En una regresión logística o lineal, una categoría se utiliza como punto de comparación para interpretar las demás. La elección de esa referencia debe responder a criterios sustantivos, como la condición habitual, la política vigente o la ausencia de exposición.

Las variables nominales se modelan con probabilidades Bernoulli cuando tienen dos categorías y multinomiales cuando tienen más. Orientan pruebas Chi cuadrado de independencia u homogeneidad, prueba exacta de Fisher, comparación de proporciones y regresión logística binaria o multinomial, según el número de categorías y el objetivo.

3.3. Variables categóricas ordinales

Las variables categóricas ordinales clasifican las unidades en categorías que conservan una secuencia reconocible. Bajo, medio y alto; nunca, algunas veces y siempre; o leve, moderado y severo presentan un orden. Sin embargo, la distancia entre categorías no puede suponerse igual sin una justificación adicional.

El orden aporta información que debe conservarse durante el análisis. Reducir una escala ordinal a nominal pierde parte de esa información; convertirla automáticamente en una variable numérica puede añadir una propiedad que no fue medida. La elección depende de cómo se construyó la escala y de la pregunta que se busca responder.

La descripción puede utilizar frecuencias, porcentajes acumulados, mediana y percentiles cuando la codificación ordenada resulta pertinente. En escalas de satisfacción, por ejemplo, no basta con informar cuántas personas eligieron cada respuesta; conviene mostrar también cómo se concentra la respuesta en cada nivel.

La comparación de una variable ordinal entre grupos debe respetar el carácter de sus categorías. Si interesa contrastar la distribución completa, pueden emplearse procedimientos basados en rangos. Si se agrupan categorías, esa decisión debe justificarse por el significado sustantivo y no por comodidad analítica.

La correlación entre variables ordinales puede estudiarse con coeficientes que trabajan sobre rangos, como Spearman o Kendall. Cuando una variable ordinal es resultado, los modelos de regresión ordinal estiman la probabilidad acumulada de alcanzar o superar cada categoría.

Una variable ordinal sigue una distribución multinomial con categorías ordenadas; en modelos acumulativos se trabaja con probabilidades acumuladas y enlaces como el logit. Esta estructura orienta pruebas de tendencia, U de Mann–Whitney, Kruskal–Wallis, Wilcoxon, correlaciones de rangos y regresión logística ordinal.

3.4. Las variables numéricas

Una variable numérica registra una cantidad para la cual las operaciones aritméticas tienen significado. Edad, ingreso mensual, tiempo de espera, número de solicitudes, temperatura, puntaje o resistencia mecánica son ejemplos. El número debe conservar una unidad de medida o un criterio de conteo que haga interpretable su valor.

No todo dato escrito con cifras es una variable numérica. Un código de participante, el número de un aula, un distrito identificado con clave numérica o una categoría codificada como 1 y 2 son etiquetas. Antes de calcular una media o una desviación estándar, debe verificarse que los valores expresen cantidad y no solo identificación.

Las variables numéricas pueden describirse mediante medidas de localización, dispersión, posición y forma. La media resume un centro aritmético; la mediana identifica el valor central; la desviación estándar y el rango intercuartílico informan variabilidad. La selección depende de la distribución, los valores extremos y el propósito de la descripción.

La función analítica también debe precisarse. Una variable numérica puede ser el resultado que se compara entre grupos, un predictor dentro de un modelo, una medición repetida o una variable cuya relación con otra cantidad se desea correlacionar. El mismo registro requiere procedimientos distintos según la pregunta y el diseño.

La escala de medición y la calidad del dato merecen revisión previa. Un valor imposible, una unidad cambiada o una cifra decimal desplazada puede alterar la media, la varianza y los resultados del modelo. El análisis de valores extremos debe distinguir entre errores de registro, observaciones válidas inusuales y cambios reales del fenómeno.

Las variables numéricas no comparten una única distribución de probabilidad: pueden aproximarse a distribuciones normal u otras según su naturaleza. Esta revisión orienta pruebas t, análisis de varianza, correlación, regresión lineal, modelos lineales generalizados o alternativas no paramétricas compatibles con los datos.

3.5. Variables numéricas continuas

Las variables numéricas continuas pueden adoptar cualquier valor dentro de un intervalo de medición, al menos desde una aproximación práctica. La estatura, el tiempo, la presión, la temperatura, el ingreso o la concentración de una sustancia admiten decimales. La precisión observada depende del instrumento y de la forma de registro.

Una medición continua exige declarar su unidad. Decir que un proceso demora 3.5 carece de significado si no se sabe si el valor corresponde a minutos, horas o días. Cambiar de unidad transforma la escala numérica, pero no altera necesariamente el fenómeno; sí puede modificar la lectura de coeficientes y diferencias.

La distribución de una variable continua debe examinarse gráficamente y con medidas descriptivas antes de aplicar una prueba. Histogramas, diagramas de caja, gráficos de densidad y diagramas de dispersión ayudan a reconocer asimetrías, grupos, valores extremos y relaciones no lineales que un indicador único puede ocultar.

La normalidad no es una propiedad obligatoria de toda variable continua. Una variable puede seguir una distribución asimétrica y ser analizable mediante procedimientos adecuados. En muchos modelos, la condición relevante recae sobre los residuos y no sobre la distribución aislada de la variable de resultado o de los predictores.

Cuando se comparan medias o se ajustan modelos lineales, también deben revisarse independencia, homogeneidad de varianzas, linealidad y presencia de valores influyentes. Si esas condiciones no se sostienen, puede corresponder una transformación, un método robusto, una prueba basada en rangos o un modelo con otra distribución de probabilidad.

Las variables continuas suelen aproximarse a distribuciones normal, lognormal, gamma o Weibull, según el fenómeno y el rango de valores. Orientan pruebas t, análisis de varianza, correlación de Pearson y regresión lineal cuando sus condiciones son razonables; en otros casos, modelos gamma, métodos robustos o pruebas no paramétricas.

3.6. Variables numéricas discretas

Las variables numéricas discretas proceden de conteos y solo pueden asumir valores enteros. Número de consultas, accidentes, publicaciones, productos defectuosos, faltas de asistencia o expedientes resueltos son ejemplos. Entre 3 y 4 eventos no existe un valor intermedio, aunque la media de muchos casos tenga decimales.

Un conteo debe definir con precisión qué se cuenta, durante cuánto tiempo y en qué unidad de observación. Contar accidentes sin indicar el período o el número de vehículos expuestos puede conducir a comparaciones engañosas. En situaciones con exposiciones diferentes, puede ser preferible analizar una tasa en lugar del conteo bruto.

Las variables discretas suelen presentar asimetría, abundancia de ceros o variabilidad mayor que su media. Estos patrones son frecuentes en recuentos de eventos poco comunes, ventas diarias o errores de producción. Aplicar una prueba para medias sin examinar esa estructura puede ocultar una distribución incompatible con el procedimiento elegido.

La presencia de muchos ceros merece una evaluación particular. Cero ventas, cero incidentes o cero lecturas pueden corresponder a una ausencia real del evento, a una población que nunca estuvo expuesta o a una limitación del registro. Cada mecanismo produce implicancias distintas para la selección del modelo estadístico.

Cuando el conteo se utiliza como resultado, deben considerarse la duración de la observación y el tamaño de la población en riesgo. Un establecimiento con 20 incidencias entre 10 000 usuarios no es comparable directamente con otro que registra 10 incidencias entre 100 usuarios. El denominador y el tiempo forman parte de la variable analizada.

Las variables discretas pueden seguir distribuciones Bernoulli, binomial o Poisson, según el proceso generador y la variabilidad observada. Orientan pruebas binomiales, pruebas exactas, Chi cuadrado de bondad de ajuste y regresión de Poisson; con conteos grandes, algunas aproximaciones normales pueden ser razonables.

4. CUARTO CRITERIO EL TIPO DE ESTUDIO

El tipo de estudio explica cómo se recogen y relacionan los datos. Para reconocerlo se revisan las mediciones realizadas, el tiempo en que ocurren, la intervención del investigador y la procedencia de la información. Esta revisión evita usar una prueba que contradiga la estructura real de las observaciones.

Un estudio puede ser transversal o longitudinal, prospectivo o retrospectivo, observacional o experimental. También puede usar datos primarios o registros previos. Estas categorías no compiten entre sí: describen rasgos distintos del mismo estudio y, combinadas, orientan la selección del procedimiento estadístico.

Si una unidad se mide una vez, los datos suelen ser independientes; si se mide varias veces, son relacionados. Si se asigna una intervención, la conclusión puede estudiar sus efectos; si solo se observan condiciones existentes, debe ser más cauta. El análisis se decide después de reconocer estas características.

El tipo de estudio estructura las observaciones

El tipo de estudio define cómo se obtienen, ordenan y relacionan las observaciones. Antes de seleccionar un procedimiento se debe reconocer el número de mediciones, la secuencia temporal, la intervención, la fuente de información y la forma en que las unidades ingresan al análisis estadístico final.

Esta clasificación admite varias miradas complementarias. Un estudio puede ser transversal o longitudinal, prospectivo o retrospectivo, observacional o experimental, con datos primarios o secundarios, de seguimiento o de corte único. Cada rasgo modifica las condiciones que debe respetar el análisis.

El estudio transversal registra una observación por unidad en un momento definido. Las unidades suelen analizarse como independientes. Puede aplicar frecuencias, chi cuadrado, t de Student, ANOVA, Pearson o Spearman, siempre que el objetivo, las variables y los supuestos correspondan con la pregunta.

El estudio longitudinal reúne mediciones repetidas de las mismas unidades. Sus datos son dependientes y requieren procedimientos que reconozcan esa relación: t relacionada, McNemar, ANOVA de medidas repetidas, Friedman, modelos mixtos o ecuaciones de estimación generalizadas, según el dato analizado.

Los estudios prospectivos planifican la observación antes del desenlace; los retrospectivos reconstruyen información ya producida. En cohortes se pueden estimar incidencia, riesgo relativo, Kaplan–Meier o Cox. La revisión retrospectiva debe evaluar bien registros incompletos y la secuencia temporal.

Los estudios observacionales registran condiciones existentes; los experimentales asignan una intervención. Esta diferencia delimita el alcance causal, pero no selecciona por sí el procedimiento. El tipo de estudio se examina junto con objetivo, variables, diseño y datos antes de elegir el análisis.

4.1. El estudio transversal

El estudio transversal mide la variable de interés en una sola ocasión por cada unidad de análisis. Ofrece una fotografía metodológica delimitada por un período o momento específico. Una encuesta aplicada a estudiantes, trabajadores, usuarios o empresas reúne información simultánea y no registra el cambio individual a lo largo del tiempo.

Una investigación sobre satisfacción con los servicios públicos, prevalencia de un hábito, rendimiento en una evaluación o preferencia electoral puede ser transversal. Cada persona, institución o documento aporta un registro. El análisis describe o compara la situación observada, pero no estima la incidencia ni la trayectoria del fenómeno.

Las observaciones de un estudio transversal son independientes. Comparar el puntaje promedio de dos aulas distintas orienta la t de Student para muestras independientes; si la distribución no respalda este procedimiento, puede corresponder la U de Mann-Whitney. No corresponde usar la t para muestras relacionadas.

Cuando el resultado es categórico, un estudio transversal puede comparar proporciones entre grupos. La proporción de aprobación entre dos modalidades de enseñanza con Chi cuadrado de homogeneidad. Esta prueba responde una pregunta distinta de McNemar, que compara respuestas dicotómicas repetidas sobre las mismas unidades.

También puede estudiar asociaciones entre variables medidas en el mismo momento. La relación entre tipo de contrato y satisfacción laboral orienta el Chi cuadrado de independencia; dos variables numéricas, como horas de estudio y puntaje, pueden examinarse con correlación de Pearson o Spearman.

Un corte transversal no excluye diseños complejos. Un muestreo por conglomerados, puede agrupar estudiantes dentro de escuelas o trabajadores dentro de empresas. En tal situación, la t de Student o el Chi cuadrado simples pueden subestimar la variabilidad; se requieren procedimientos que reconozcan agrupamiento o ponderación muestral.

4.2. El estudio longitudinal

El estudio longitudinal mide una misma variable en dos o más momentos sobre las mismas unidades. Su interés recae en el cambio, la estabilidad o la trayectoria individual. Un estudiante evaluado al inicio y al final de un curso, o una máquina revisada cada mes, aporta observaciones vinculadas que no son independientes.

La comparación entre dos mediciones numéricas de los mismos participantes orienta la t de Student para muestras relacionadas. Si las diferencias no satisfacen sus condiciones, puede utilizarse la prueba de rangos con signo de Wilcoxon. Aplicar la t para muestras independientes desperdicia la información contenida en el emparejamiento.

En variables categóricas dicotómicas, el contraste también cambia. Si se registra aprobación antes y después de una tutoría en los mismos estudiantes, corresponde la prueba de McNemar. El Chi cuadrado de homogeneidad sería pertinente para dos grupos distintos, pero no para dos respuestas emitidas por la misma persona.

Cuando existen tres o más mediciones, el análisis requiere procedimientos para series repetidas. ANOVA de medidas repetidas se opone a ANOVA para grupos independientes; Friedman se opone a Kruskal–Wallis cuando se trabaja con rangos. La elección depende del tipo de resultado, los supuestos y el número de momentos.

Los modelos mixtos y las ecuaciones de estimación generalizadas amplían el análisis longitudinal. Permiten incorporar distinto número de mediciones, intervalos temporales y variables de ajuste. Frente a una regresión lineal simple o logística simple, estos modelos reconocen que varias filas de datos pertenecen a una misma unidad de estudio.

El seguimiento longitudinal exige controlar pérdidas, cambios de instrumento y fechas reales de medición. Si algunos participantes abandonan el estudio, analizar solo a quienes completaron todas las evaluaciones puede sesgar la conclusión. El procedimiento estadístico debe ser coherente con el mecanismo de.

4.3. El estudio prospectivo

Un estudio prospectivo planifica la recolección antes de que ocurra el resultado de interés. La dirección temporal va desde la definición de la población y las variables hacia la observación posterior. Prospectivo no equivale necesariamente a longitudinal, aunque muchas cohortes prospectivas requieren seguimiento en más de un momento.

Una cohorte de trabajadores puede registrar la exposición a ruido y seguir la aparición de problemas auditivos. En educación, una promoción puede ser observada desde el ingreso hasta el egreso. Estos ejemplos conservan el orden entre exposición y resultado, condición necesaria para examinar riesgos, tiempos de ocurrencia y cambios acumulados.

Cuando el diseño prospectivo sigue grupos expuestos y no expuestos, pueden estimarse incidencia, diferencia de riesgos y Riesgo Relativo. Estas medidas se oponen al Odds Ratio característico de los casos y controles. La diferencia surge de la información disponible sobre cuántas unidades estaban en riesgo antes de que apareciera el desenlace.

Si interesa el tiempo hasta un evento, una cohorte prospectiva orienta curvas de Kaplan–Meier y regresión de Cox. No corresponde sustituirlas automáticamente por una t de Student sobre los tiempos observados, porque algunos participantes pueden no presentar el evento durante el seguimiento y sus datos permanecen censurados.

La planificación prospectiva facilita definir instrumentos, momentos de medición y criterios para clasificar exposiciones y desenlaces. Sin embargo, no elimina pérdidas de seguimiento o incumplimiento. Un registro prospectivo deficiente puede introducir sesgos aun cuando el diseño conserve una temporalidad aparentemente adecuada.

Ninguna prueba es exclusivamente prospectiva. La variable de resultado, el objetivo y el diseño completan la selección. Una cohorte prospectiva puede requerir Riesgo Relativo, Cox, regresión de Poisson o modelos mixtos; una comparación de dos mediciones puede requerir t relacionada. La planificación orienta el alcance temporal de la conclusión.

4.4. El estudio retrospectivo

Un estudio retrospectivo analiza hechos, registros o mediciones que ya ocurrieron. El investigador recupera información de expedientes, bases administrativas, archivos históricos o historias clínicas. La calidad del análisis depende de la integridad de esos registros y de la posibilidad de reconstruir adecuadamente las variables.

Los estudios de casos y controles son un ejemplo clásico. Se seleccionan unidades con y sin el desenlace y luego se investiga la exposición previa. Un estudio sobre condenas y antecedentes, o sobre deserción y condiciones académicas registradas, puede seguir esa lógica. El punto de partida es el resultado, no la exposición.

En casos y controles, el Odds Ratio cuantifica la asociación entre exposición y desenlace. No corresponde estimar directamente el Riesgo Relativo cuando el muestreo parte de casos y controles, porque no se observa la población inicial en riesgo. El Chi cuadrado o la regresión logística contrastan o ajustan la relación, pero no cambian esa limitación.

Una cohorte histórica puede reconstruir exposición, período de seguimiento y desenlace a partir de registros completos. Si los denominadores y los tiempos están disponibles, puede estimar incidencia y Riesgo Relativo. La clasificación retrospectiva informa cuándo se registraron los datos, no solo el diseño.

Los datos retrospectivos requieren revisar valores ausentes, cambios de definición y errores de digitación. Una asociación puede reflejar un cambio de registro y no un cambio real del fenómeno. El análisis debe documentar las fuentes, sus limitaciones y los criterios usados para depurar la información recuperada.

El estudio retrospectivo no impone una prueba única. Puede usar Chi cuadrado, t de Student, regresión logística, regresión lineal o modelos de supervivencia si los datos lo justifican. La diferencia frente al prospectivo está en la disponibilidad y calidad del registro; el procedimiento depende de la pregunta, el diseño y las variables.

4.5. El estudio observacional

En un estudio observacional, el investigador registra condiciones existentes sin asignar exposición, tratamiento o intervención. Puede analizar el empleo remoto y productividad, hábitos de estudio y logro académico, o políticas institucionales y satisfacción. La exposición surge fuera de su control.

Estudios transversales, las cohortes y los casos y controles pueden ser observacionales. Esta misma categoría no define el número de mediciones ni tampoco la dirección temporal. Un corte transversal estima prevalencia; una cohorte sigue incidencia; un caso y control reconstruye la exposición previa.

Las comparaciones iniciales pueden usar procedimientos como t de Student, Chi cuadrado o U de Mann–Whitney, según las variables. Ante factores intervinientes, se emplean regresión lineal múltiple, regresión logística o Mantel–Haenszel. El ajuste reduce confusión medida, pero no elimina la no medida.

La asociación observada no justifica atribuir causalidad. Una diferencia de productividad entre trabajo presencial y remoto puede depender además de la función, la antigüedad o una decisión previa. Ninguna regresión convierte una selección inicial desigual en una asignación experimental equivalente.

El emparejamiento, la estratificación y la ponderación pueden mejorar la comparabilidad entre grupos observados. Se oponen a la aleatorización porque corrigen desequilibrios medidos luego de la exposición. Exigen declarar las variables explícitas de ajuste y evaluar si hay superposición entre grupos.

El estudio observacional orienta estimaciones de asociación, diferencias, Riesgo Relativo u Odds Ratio, por diseño. Frente al experimental exige mayor cautela e incorpora, frente al descriptivo, comparación o modelamiento. El cierre final debe declarar limitaciones para afirmar un efecto demostrado.

4.6. El estudio experimental

En un estudio experimental, el investigador asigna una intervención y observa sus efectos sobre el resultado. Compara técnicas de enseñanza, programas de mantenimiento, estrategias de mediación o tratamientos. La intervención se planifica antes de medir el desenlace y pertenece al nivel explicativo.

La asignación aleatoria distribuye en promedio características entre los grupos. Una condición recibe la intervención y otra actúa como comparación. Esta lógica se opone al estudio observacional donde las unidades llegan con exposiciones previas. La aleatorización fortalece más la inferencia causal.

Si el resultado numérico se mide una vez tras asignar se compara con t de Student para muestras independientes o ANOVA. Con medición antes y después en las mismas unidades, corresponden t relacionada, ANOVA de medidas repetidas o modelos mixtos. La estructura de datos selecciona el procedimiento.

Cuando el desenlace es categórico, las proporciones pueden contrastarse con Chi cuadrado de homogeneidad o prueba exacta de Fisher. Si una respuesta dicotómica se mide antes y después en los mismos participantes, corresponde McNemar. La oposición depende de si cada unidad fue medida una o dos veces.

Los experimentos con factores, bloques o tratamientos combinados exigen análisis bien acordes. ANOVA factorial estima efectos principales e interacción; ANOVA en bloques controla una fuente de variación conocida. Un análisis simple de dos grupos pierde información sobre factores e interacción.

Los estudios cuasiexperimentales aplican una intervención sin un control experimental aleatorio riguroso. Series temporales interrumpidas, grupos desiguales y diseños antes–después exigen modelos ajustados y revisión de amenazas a la validez. La conclusión causal depende del análisis y la ejecución.

5. QUINTO CRITERIO EL DISEÑO DEL ESTUDIO

El diseño del estudio es la forma concreta en que se organiza una investigación para obtener un resultado. Señala desde dónde parte el análisis, qué unidades se incluyen y qué medida puede calcularse. Por ejemplo, no es igual describir una prevalencia que seguir nuevos casos durante varios meses.

Los diseños de prevalencia, incidencia, casos y controles, cohortes, experimentos y validación de instrumentos responden preguntas distintas. Cada uno ordena los datos de una manera particular. Por eso, una medida útil en cohortes, como el Riesgo Relativo, no corresponde automáticamente a casos y controles.

El diseño se revisa antes de nombrar una prueba estadística. Define si corresponde estimar una proporción, calcular un Odds Ratio, comparar grupos o evaluar la calidad de una medición. Junto con el tipo de estudio, el objetivo y las variables, conduce a una decisión estadística defendible.

El diseño del estudio define las medidas estadísticas

El diseño de prevalencia describe la frecuencia de una condición en una población durante un periodo definido. Una encuesta puede estimar la proporción de estudiantes con acceso a internet o de usuarios satisfechos con un servicio. Usa prevalencia, razón de prevalencias e intervalos de confianza, no incidencia.

El diseño de incidencia sigue unidades libres del desenlace y registra nuevos casos durante un tiempo establecido. Puede estudiar la aparición de deserción académica, fallas en una máquina o una enfermedad. Estima incidencia acumulada, densidad de incidencia y Riesgo Relativo cuando compara grupos expuestos.

El diseño de casos y controles parte del desenlace: selecciona unidades que lo presentan y otras que no, para reconstruir exposiciones anteriores. Puede investigar factores vinculados con un accidente laboral o abandono escolar. Su medida característica es el Odds Ratio, mediante tablas de contingencia o regresión logística.

El diseño de cohortes inicia con la exposición y observa la ocurrencia posterior del desenlace. Por ejemplo, compara el desempeño de trabajadores capacitados y no capacitados durante seis meses. Estima incidencia y Riesgo Relativo; cuando importa el tiempo hasta el evento, utiliza Kaplan–Meier y regresión de Cox.

El diseño experimental asigna una intervención y compara sus resultados con un grupo de referencia. Puede evaluar un método de enseñanza, una estrategia comercial o un tratamiento. Si el desenlace es numérico usa t de Student, ANOVA o modelos mixtos; si es categórico, chi cuadrado, McNemar o regresión logística.

El diseño de validación de instrumentos reúne evidencias sobre la calidad de una medida. Examina validez de contenido, estructura, relación con un criterio y confiabilidad. Puede usar análisis factorial, correlaciones, alfa de Cronbach, correlación intraclase o curvas ROC, según el instrumento y el tipo de dato.

5.1. Diseño de prevalencia

El diseño de prevalencia estima la proporción de unidades que presentan una condición en una población y período definidos. Su numerador reúne los casos existentes y su denominador incluye a todas las unidades observadas. Describe la magnitud actual del fenómeno, sin registrar necesariamente cuándo apareció.

Una universidad puede estimar la prevalencia de agotamiento académico durante un semestre; una empresa, la proporción de equipos con mantenimiento vencido; un tribunal, el porcentaje de expedientes pendientes. En todos los casos, la condición debe definirse antes de revisar los datos y aplicarse del mismo modo a cada unidad.

La medida característica es la prevalencia, acompañada por su intervalo de confianza. Si 180 de 1 200 usuarios declaran una condición, la prevalencia es 15.0 %. El intervalo comunica la precisión de la estimación, mientras que el tamaño muestral y el método de selección determinan hasta dónde puede generalizarse el resultado.

El diseño también admite comparaciones. La prevalencia de una condición puede contrastarse entre grupos mediante Chi cuadrado de homogeneidad o prueba exacta de Fisher. Cuando interesa cuantificar la diferencia, se estiman diferencia de prevalencias o razón de prevalencias, con sus respectivos intervalos de confianza.

Una regresión logística puede utilizarse con resultados prevalentes, pero su Odds Ratio no equivale automáticamente a una razón de prevalencias. Para estimar esta última, pueden emplearse modelos log-binomial o Poisson con varianza robusta. El procedimiento debe responder a la medida declarada y no a la comodidad del software.

El diseño de prevalencia no calcula casos nuevos ni estima riesgo futuro. Para esas preguntas se requiere un diseño de incidencia o una cohorte. Su análisis combina proporciones, intervalos de confianza, Chi cuadrado, regresión de Poisson robusta o modelos log-binomial, según se describa, compare o ajuste la prevalencia observada.

5.2. Diseño de incidencia

El diseño de incidencia registra casos nuevos durante un período en una población que inicialmente no presenta el evento. La unidad debe estar en riesgo al inicio del seguimiento. A diferencia de la prevalencia, la incidencia incorpora tiempo y distingue entre quienes ya tenían la condición y quienes la desarrollaron después.

Una institución puede seguir una promoción y registrar nuevos abandonos; una fábrica puede contar fallas nuevas por cada 1 000 horas de operación; un municipio puede registrar nuevos litigios durante un año. Cada ejemplo exige definir fecha de ingreso, criterio de caso nuevo y período de observación de cada unidad.

La incidencia acumulada expresa la proporción de unidades que desarrollan el evento durante un período. La densidad de incidencia relaciona los casos nuevos con el tiempo total en riesgo. La primera es útil cuando el seguimiento es semejante; la segunda resulta más apropiada cuando las unidades aportan tiempos distintos.

Para comparar grupos expuestos y no expuestos pueden estimarse Riesgo Relativo. Una cohorte de trabajadores, por ejemplo, puede comparar la incidencia de lesiones según exposición a ruido. Chi cuadrado contrasta proporciones acumuladas, mientras que modelos de Poisson comparan tasas de incidencia.

Cuando algunas unidades no completan el seguimiento o no presentan el evento antes del cierre, deben considerarse datos censurados. Las curvas de Kaplan–Meier describen la probabilidad de permanecer libre del evento; log-rank compara curvas y la regresión de Cox estima razones de riesgos instantáneos ajustadas.

La selección depende del tiempo disponible y de la forma del desenlace. Incidencia acumulada, binomial y Riesgo Relativo orientan seguimientos completos; Poisson se ajusta a tasas; Kaplan–Meier y Cox a tiempos con censura. Tratar todos los tiempos como una media y usar t de Student puede perder información decisiva.

5.3. Diseño de casos y controles

El diseño de casos y controles comienza con el desenlace. Se seleccionan unidades que presentan el evento, llamadas casos, y unidades comparables que no lo presentan, llamadas controles. Después se reconstruye la exposición previa. Esta lógica resulta eficiente cuando el evento es infrecuente o requiere un seguimiento muy prolongado.

Un estudio puede comparar empresas sancionadas y no sancionadas según sus controles internos previos. La exposición debe haberse definido antes del desenlace. Recuperarla mediante registros deficientes o recuerdos imprecisos introduce sesgos difíciles de corregir.

La medida característica es el Odds Ratio. Compara las probabilidades relativas de exposición entre casos y controles. No corresponde calcular directamente el Riesgo Relativo, porque el diseño no parte de una población completa en riesgo. El denominador inicial se pierde al seleccionar las unidades según el resultado que ya ocurrió.

Una tabla de 2 × 2 puede analizarse con Chi cuadrado de independencia o prueba exacta de Fisher cuando el objetivo es contrastar asociación. La regresión logística estima Odds Ratio ajustados por variables intervinientes. Ninguno de estos procedimientos transforma el Odds Ratio en una medida directa de incidencia o riesgo.

Cuando los casos y controles se emparejan por edad, sede, período u otra característica, el análisis debe conservar ese emparejamiento. McNemar resulta pertinente para pares con desenlace dicotómico; la regresión logística condicional permite ajustar varios factores. Ignorar el pareamiento puede sesgar la estimación o disminuir su precisión.

El diseño exige especificar cómo se seleccionaron casos y controles, cuál fue la fuente de información y qué período define la exposición. Sus procedimientos centrales son Odds Ratio, Chi cuadrado, Fisher y regresión logística. El Riesgo Relativo y la incidencia pertenecen a diseños que conservan la población en riesgo.

5.4. Diseño de cohortes

El diseño de cohortes parte de la exposición y observa la ocurrencia posterior del desenlace. Forma grupos expuestos y no expuestos que al inicio no presentan el evento, o que cumplen un criterio equivalente. Esta organización conserva la secuencia temporal y permite calcular la probabilidad de que cada grupo desarrolle el resultado.

Una cohorte puede seguir a trabajadores con y sin exposición a turnos nocturnos, estudiantes con y sin tutoría inicial o equipos con y sin mantenimiento preventivo. La comparación no requiere que la exposición sea nociva: puede evaluar una política, una condición técnica o una práctica institucional cuya consecuencia interese cuantificar.

La incidencia acumulada se calcula en cada cohorte y sustenta el Riesgo Relativo. También pueden estimarse diferencia de riesgos, fracción atribuible y número necesario para intervenir cuando el contexto lo justifica. Estas medidas comunican magnitud absoluta y relativa; no deben sustituirse de manera automática por un Odds Ratio.

Si las unidades aportan tiempos de seguimiento distintos, la cohorte puede analizar tasas de incidencia mediante regresión de Poisson o binomial negativa. Cuando existe censura, Kaplan–Meier, log-rank y regresión de Cox describen y comparan el tiempo hasta el evento. La elección depende de cómo se registró el desenlace.

Las pérdidas de seguimiento, los cambios de exposición y la medición desigual del resultado pueden distorsionar la conclusión. Una cohorte prospectiva debe registrar las fechas reales y las razones de salida. Una cohorte histórica requiere, además, verificar que los archivos permitan reconstruir con calidad la exposición y el tiempo en riesgo.

El diseño de cohortes orienta Riesgo Relativo, diferencia de riesgos, razón de tasas, Poisson, Kaplan–Meier y Cox. Frente a casos y controles, comienza con la exposición y conserva el denominador en riesgo. Esa diferencia metodológica explica por qué no se intercambian Riesgo Relativo y Odds Ratio por preferencia analítica.

5.5. Diseño experimental

El diseño experimental asigna una intervención y compara sus efectos en un resultado previamente definido. Puede evaluar métodos de enseñanza, protocolos de mantenimiento, políticas de mediación o tratamientos. La asignación se integra al nivel explicativo porque busca estimar el efecto de una causa deliberadamente introducida.

La aleatorización distribuye, en promedio, características conocidas y desconocidas entre los grupos. Una condición recibe la intervención y otra sirve como comparación. Esto se opone al diseño observacional, donde las unidades llegan con exposiciones ya formadas. La aleatorización fortalece la inferencia causal, pero no reemplaza una ejecución rigurosa.

Si el resultado numérico se mide una vez después de asignar, pueden utilizarse t de Student para muestras independientes o ANOVA. Si se registra antes y después en las mismas unidades, corresponden t relacionada, ANOVA de medidas repetidas o modelos mixtos. La estructura de las mediciones determina el procedimiento.

Con desenlaces categóricos se comparan proporciones mediante Chi cuadrado de homogeneidad o prueba exacta de Fisher. Si la respuesta dicotómica se mide antes y después en los mismos participantes, corresponde McNemar. La oposición entre Chi cuadrado y McNemar depende de si cada unidad aporta una o varias mediciones.

Los diseños con varios factores, bloques o tratamientos combinados requieren análisis multivariados. ANOVA factorial estima efectos principales e interacciones; ANOVA en bloques controla una fuente de variación conocida. Una simple comparación de dos grupos puede ocultar el efecto combinado de las intervenciones evaluadas.

Los estudios cuasiexperimentales aplican una intervención sin el control completo de la aleatorización. Series temporales interrumpidas, grupos no equivalentes y diseños antes–después requieren modelos ajustados. La conclusión causal depende de la prueba aplicada y de la fidelidad con que se ejecutó el diseño.

5.6. Diseño de validación de instrumentos

El diseño de validación de instrumentos reúne evidencia sobre la calidad de un cuestionario, escala, rúbrica, prueba o sistema de clasificación. No consiste en calcular un único coeficiente. Evalúa si las puntuaciones respaldan el uso previsto del instrumento en una población, contexto y decisión determinados.

En educación puede validarse una rúbrica de escritura; en derecho, una escala para valorar riesgo; en administración, un cuestionario de clima laboral; en ingeniería, un sistema para clasificar fallas. El constructo, la población y la finalidad deben definirse antes de seleccionar participantes, ítems y procedimientos de análisis.

La validez de contenido examina si los ítems cubren el dominio que se desea medir. Participan especialistas que valoran relevancia, claridad y pertinencia. Índices de validez de contenido o V de Aiken resumen sus juicios, pero no demuestran la estructura interna ni la capacidad predictiva del instrumento.

La validez estructural estudia cómo se agrupan los ítems. El análisis factorial exploratorio propone dimensiones; el confirmatorio contrasta una estructura teórica definida. Estos procedimientos requieren una matriz de datos y decisiones sobre número de factores, cargas, ajuste y correlación entre dimensiones.

La confiabilidad evalúa la precisión de las puntuaciones. Alfa y omega se relacionan con consistencia interna; el coeficiente de correlación intraclase examina estabilidad o acuerdo entre mediciones numéricas; Kappa evalúa concordancia categórica. Ningún coeficiente basta sin considerar el tipo de dato y la función del instrumento.

La validez de criterio compara el instrumento con un referente externo. Correlación, regresión, sensibilidad, especificidad y curvas ROC responden a propósitos distintos. Un instrumento de clasificación puede requerir ROC; una medición continua, correlación intraclase o Bland–Altman. La selección depende de qué propiedad se pretende sustentar.

6. SEXTO CRITERIO EL COMPORTAMIENTO DE LOS DATOS

El comportamiento de los datos se revisa después de definir el objetivo, las variables, el tipo y el diseño del estudio. Indica si el procedimiento inicialmente elegido puede aplicarse tal como está previsto. No cambia la pregunta de investigación, pero puede exigir una versión distinta del análisis.

En los datos numéricos se observa la normalidad, la igualdad de varianzas, la linealidad y los valores extremos. En tablas de contingencia se revisan las frecuencias esperadas. Estas condiciones ayudan a decidir entre procedimientos paramétricos, no paramétricos, chi cuadrado o pruebas exactas.

También se evalúan la prevalencia del desenlace, el tamaño muestral y la potencia estadística. Una condición rara o pocos datos pueden volver inestable una estimación. Revisar los datos antes del cálculo evita resultados aparentes y conduce a procedimientos compatibles con la información disponible.

El comportamiento de los datos condiciona el procedimiento estadístico

La normalidad se refiere a la forma en que se distribuyen los datos numéricos. Interesa cuando se aplican procedimientos como t de Student, ANOVA o regresión lineal. Un histograma, un gráfico Q–Q y una prueba de normalidad orientan la revisión, pero no sustituyen valorar los valores extremos.

La homogeneidad de varianzas indica si la dispersión es parecida entre los grupos comparados. La t de Student y el ANOVA clásico la consideran un supuesto relevante. Si las varianzas son muy diferentes, pueden usarse la prueba de Welch, transformaciones o procedimientos no paramétricos, según la situación.

Las frecuencias esperadas se revisan antes de aplicar chi cuadrado en una tabla de contingencia. Si varias celdas tienen valores esperados pequeños, la aproximación puede ser poco fiable. En tablas de 2 × 2 corresponde valorar Fisher; en tablas mayores se analizan alternativas compatibles.

La linealidad describe si el cambio entre dos variables numéricas sigue una relación aproximadamente recta. Es una condición para Pearson y la regresión lineal. Un diagrama de dispersión muestra curvatura, grupos separados o valores atípicos que pueden exigir Spearman, una transformación o un modelo diferente.

La escasa prevalencia del desenlace modifica la estrategia analítica. Cuando pocos casos presentan la condición, aparecen celdas escasas y estimaciones inestables. Puede ser adecuado comparar grupos o usar un diseño de casos y controles que reúna una cantidad suficiente de eventos para el análisis.

El tamaño muestral y la potencia indican si el estudio reúne información para detectar un efecto relevante. Una muestra pequeña produce intervalos imprecisos; una muy grande puede volver significativo un cambio trivial. El cálculo previo considera efecto esperado, variabilidad, grupos y procedimiento elegido.

6.1. La normalidad de los datos

La normalidad describe una distribución con valores concentrados alrededor de un centro y con disminución progresiva hacia los extremos. No significa que todos los datos sean iguales ni que formen una campana perfecta. Es una condición que orienta algunos procedimientos, especialmente cuando se analizan medias o residuos.

Pensemos en las calificaciones de 80 estudiantes. Si la mayoría obtuvo entre 12 y 16 puntos, con pocos valores muy bajos o muy altos, la distribución puede aproximarse a la normalidad. Si muchos obtuvieron 20 y unos pocos 5, aparece una asimetría que debe revisarse antes de comparar promedios.

El histograma ofrece una primera lectura. Un gráfico Q–Q compara los datos observados con los que se esperarían bajo una distribución normal. Las pruebas de normalidad complementan esta revisión, pero no deben decidir solas. En muestras grandes pueden señalar diferencias pequeñas que no cambian la decisión práctica.

Cuando se comparan dos grupos, no siempre interesa la normalidad de cada dato original. En una t de Student para muestras relacionadas, importa sobre todo la distribución de las diferencias entre antes y después. En regresión lineal, la revisión se dirige a los residuos del modelo y no necesariamente a cada predictor.

Si los datos son aproximadamente normales y las demás condiciones se sostienen, pueden utilizarse t de Student, ANOVA, correlación de Pearson o regresión lineal. Si existe asimetría marcada o valores extremos influyentes, puede convenir Wilcoxon, Mann–Whitney, Kruskal–Wallis, Spearman o un modelo con otra distribución.

No debe reemplazarse una prueba paramétrica solo porque una prueba de normalidad produjo un resultado significativo. Primero se revisan tamaño muestral, gráficos, valores extremos y objetivo analítico. La decisión final puede conservar el procedimiento inicial, aplicar una alternativa robusta o transformar los datos con justificación.

6.2. La homogeneidad de varianzas

La homogeneidad de varianzas pregunta si los grupos comparados tienen una dispersión semejante. No exige que posean el mismo promedio. Dos aulas pueden tener igual nota media, pero una mostrar calificaciones agrupadas y otra resultados muy dispersos. Esa diferencia afecta algunos procedimientos para comparar medias.

Supongamos que dos métodos de enseñanza alcanzan un promedio de 15 puntos. En el primer grupo casi todos obtienen entre 14 y 16; en el segundo, algunos logran 20 y otros 5. Aunque las medias parezcan comparables, las variabilidades no son equivalentes y la t de Student clásica puede perder precisión.

Los diagramas de caja muestran visualmente la dispersión de cada grupo. La prueba de Levene evalúa si las varianzas difieren de manera compatible con el azar. Bartlett también se utiliza, aunque es más sensible a la falta de normalidad. Ninguna prueba sustituye el examen gráfico ni el conocimiento de cómo se obtuvieron los datos.

Si las varianzas son similares, la t de Student con varianzas iguales o ANOVA convencional pueden ser apropiadas. Cuando los grupos tienen variabilidad distinta, la t de Welch y ANOVA de Welch son alternativas directas. No es necesario abandonar de inmediato la comparación de medias ni usar siempre pruebas no paramétricas.

La desigualdad de varianzas cobra mayor importancia cuando los grupos tienen tamaños distintos. Comparar 15 participantes de un grupo muy variable con 150 de otro estable puede producir inferencias imprecisas si se aplica la versión incorrecta de la t. Welch ajusta los grados de libertad para responder a esta combinación desfavorable.

Un programa puede producir resultados similares en unas personas y muy variables en otras; una política institucional puede estabilizar o dispersar el desempeño. Antes de corregir el supuesto, conviene preguntarse si esa variación es un error, una característica real o una consecuencia de la intervención.

6.3. Las frecuencias esperadas en las tablas de contingencia

Las frecuencias esperadas indican cuántos casos debería haber en cada celda de una tabla si las variables no estuvieran relacionadas. No son los valores observados. Se calculan con los totales de filas y columnas, y permiten saber si el Chi cuadrado cuenta con información suficiente para aproximar adecuadamente su distribución.

Pensemos en una tabla que cruza modalidad de trabajo presencial o remoto, con satisfacción satisfecho o insatisfecho. Si hay 400 trabajadores, las celdas suelen tener suficiente información. Si solo hay 12 trabajadores y una categoría reúne apenas un caso, la tabla se vuelve demasiado escasa para confiar en el Chi cuadrado usual.

El cálculo parte de los márgenes de la tabla. Si 60 de 100 trabajadores están satisfechos y 50 trabajan remotamente, bajo independencia se esperarían 30 satisfechos remotos. Esa cifra se compara con la observada. Cuando varias expectativas son muy pequeñas, una diferencia de un solo caso puede alterar de forma excesiva el resultado.

En una tabla de 2 × 2 con frecuencias esperadas bajas, la prueba exacta de Fisher suele ser preferible al Chi cuadrado. Fisher calcula la probabilidad exacta de las combinaciones posibles bajo la hipótesis nula. No es una prueba "más fuerte", sino una respuesta adecuada cuando la aproximación del Chi cuadrado deja de ser confiable.

El problema aparece también fuera de la salud. Una facultad puede estudiar una carrera con pocos estudiantes extranjeros; una empresa, un tipo de falla excepcional; un juzgado, una resolución poco frecuente. Si se crean demasiadas categorías, las celdas quedan vacías. Agrupar categorías puede ayudar, siempre que conserve sentido conceptual.

No debe elegirse Fisher solo porque la muestra total sea pequeña ni Chi cuadrado solo porque sea grande. La decisión depende de las frecuencias esperadas y de la estructura de la tabla. Después del contraste, conviene informar proporciones y medidas de asociación, como Odds Ratio o V de Cramer, según la pregunta y el diseño.

6.4. La linealidad de la relación entre variables

La linealidad pregunta si dos variables cambian siguiendo una tendencia recta. Cuando una aumenta, la otra puede aumentar o disminuir de manera aproximadamente constante. Esta condición importa para Pearson y regresión lineal. No toda relación real entre variables tiene esa forma, aunque ambas variables sean numéricas.

Pensemos en las horas de estudio y la calificación de un examen. Al inicio, estudiar más horas puede aumentar claramente el puntaje. Después de cierto tiempo, la ganancia puede disminuir porque aparece cansancio. El diagrama de dispersión mostraría una curva, no una recta. Una correlación lineal simple resumiría mal ese patrón.

El gráfico de dispersión es el punto de partida. Cada punto corresponde a una persona, empresa o unidad observada. Una nube ascendente sugiere relación positiva; una descendente, relación negativa. Una forma de U, una curva o grupos separados advierten que Pearson o una recta de regresión podrían ocultar la relación importante.

Si la relación es aproximadamente lineal y los supuestos son razonables, Pearson cuantifica su dirección e intensidad, mientras que la regresión lineal estima cuánto cambia un resultado por cada unidad del predictor. Por ejemplo, puede estimar el aumento promedio del puntaje por cada hora adicional de estudio dentro del rango observado.

Spearman puede ser útil cuando la relación mantiene una dirección creciente o decreciente, aunque no siga una recta perfecta. Si la relación adopta una curva clara, pueden requerirse transformaciones, términos cuadráticos, regresión no lineal o modelos aditivos.

La linealidad no demuestra causalidad. Una relación entre horas de estudio y calificación puede depender de conocimientos previos o disponibilidad de materiales. El gráfico ayuda a seleccionar el modelo; el diseño y las variables de control determinan hasta dónde puede interpretarse la relación como explicación o solo como asociación.

6.5. La escasa prevalencia del desenlace

La escasa prevalencia del desenlace ocurre cuando el evento de interés aparece en muy pocas unidades. Buscar una enfermedad rara, una sanción excepcional, una falla grave o un abandono infrecuente dentro de una muestra general exige observar muchas unidades para encontrar pocos casos. Esa situación modifica la estrategia de investigación.

Supongamos que una universidad desea estudiar factores asociados a un fraude académico grave. Si solo aparecen 10 casos entre 20 000 estudiantes, una encuesta general sería costosa y poco eficiente. Resulta más práctico seleccionar los 10 casos y un grupo de estudiantes sin fraude para comparar sus exposiciones o antecedentes previos.

Este planteamiento forma un diseño de casos y controles. Los grupos se construyen por el desenlace: casos con el evento y controles sin él. Luego se revisa la exposición, como acceso a tutoría, carga académica o antecedentes disciplinarios. La pregunta deja de ser "¿quién enfermó?" y pasa a ser "¿qué exposición fue más frecuente?".

Como los grupos ya fueron seleccionados por el desenlace, no puede calcularse directamente el Riesgo Relativo. La medida compatible es el Odds Ratio, que compara las probabilidades de exposición entre casos y controles. El análisis puede empezar con Chi cuadrado de homogeneidad y continuar con regresión logística para ajustar variables.

Por ejemplo, si 8 de 10 casos y 20 de 40 controles habían incumplido una norma previa, se comparan esas proporciones de exposición. El Odds Ratio resume cuántas veces la exposición fue más frecuente entre los casos. No informa el riesgo absoluto de fraude en toda la universidad, porque el diseño no conserva ese denominador.

La rareza del desenlace no obliga siempre a usar casos y controles, pero vuelve este diseño especialmente eficiente. Si se dispone de una cohorte grande con seguimiento completo, pueden estimarse incidencia y Riesgo Relativo. La decisión depende de los registros disponibles, el costo de buscar casos y la medida que se necesita comunicar.

6.6. El tamaño muestral y la potencia estadística

El tamaño muestral indica cuántas unidades aportarán información al estudio. La potencia estadística expresa la capacidad de detectar un efecto real. Una muestra pequeña puede no encontrar una diferencia importante; una enorme puede volver significativo un cambio mínimo sin valor práctico en la práctica real.

Pensemos en dos cafeterías que comparan satisfacción. Si entrevistan a cinco clientes por local, una diferencia real puede ocultarse por variación. Si entrevistan a 50 000, una diferencia de 0.1 puntos puede dar un p-valor pequeño, aunque no justifique cambiar el servicio para los clientes del local cada día.

El tamaño muestral se calcula antes de recoger datos. Requiere definir efecto mínimo relevante, variabilidad esperada, nivel de confianza, potencia y número de grupos. No busca garantizar significación, sino dar una oportunidad razonable de detectar una diferencia que realmente importe en la práctica social.

La potencia también depende del procedimiento. Comparar medias requiere desviación estándar y diferencia esperada; comparar proporciones necesita prevalencias anticipadas; una regresión exige eventos y predictores suficientes. Copiar el tamaño de otro estudio falla cuando cambia pregunta o los datos finales.

Cuando la muestra es pequeña, deben moderarse las conclusiones. Una diferencia no significativa puede indicar ausencia de efecto o falta de potencia. Conviene informar la estimación y su intervalo de confianza: un intervalo amplio revela incertidumbre. Ampliar la muestra o repetir mediciones mejora precisión.

El tamaño muestral no reemplaza la calidad del diseño. Mil registros mal medidos conservan sus errores; una muestra grande con selección sesgada puede ser precisa, pero equivocada. La decisión ya exige potencia suficiente, instrumentos adecuados, grupos comparables y procedimientos coherentes con la pregunta.

SEGUNDA PARTE
ANÁLISIS ESTADÍSTICO SEGÚN NIVEL INVESTIGATIVO

1. ANÁLISIS ESTADÍSTICO DE NIVEL DESCRIPTIVO

El análisis descriptivo estudia una variable por vez. Sirve para mostrar cómo se presenta un fenómeno en el grupo observado: cuántos casos hay, qué porcentaje representan o cuál es su valor habitual. No compara grupos ni busca explicar causas; primero presenta los datos tal como fueron obtenidos.

Las variables categóricas se describen con frecuencias y porcentajes. Las variables numéricas se resumen con medidas como media, mediana, desviación estándar o rango intercuartílico. La medida elegida debe ajustarse a los datos: no todos los números se resumen correctamente con un promedio.

El análisis descriptivo también puede extenderse a una población. Para ello estima una proporción o una media con su intervalo de confianza, o contrasta un resultado con un valor conocido. Así diferencia tres acciones: describir lo observado, estimar lo poblacional y verificar una referencia propuesta.

Describir, estimar y contrastar una variable

El análisis estadístico de nivel descriptivo inicia el trabajo cuantitativo sobre una variable de interés. Examina su frecuencia, magnitud o forma en el grupo estudiado. Según la pregunta y el diseño, los resultados pueden limitarse a esa muestra o estimar características de una población previamente definida.

Describir una variable categórica consiste en contar las unidades de cada categoría y expresar esa cantidad como proporción o porcentaje. Modalidad de estudio, tipo de contrato o decisión judicial son ejemplos. Las categorías deben ser excluyentes, el denominador debe declararse y los datos faltantes deben identificarse.

Describir una variable numérica exige resumir su centro y su variación. La media y desviación estándar son apropiadas cuando los valores son aproximadamente simétricos; la mediana y el rango intercuartílico responden mejor a distribuciones asimétricas. La elección depende de los datos observados.

Estimar una proporción poblacional responde qué parte de una población posee una condición, como cobertura de internet o prevalencia de agotamiento. Estimar una media poblacional responde cuál es el promedio esperado de tiempo, ingreso o rendimiento. Ambas estimaciones deben acompañarse de un intervalo de confianza.

Contrastar una proporción con un parámetro poblacional pregunta si la frecuencia observada difiere de un valor esperado. Puede emplear una prueba para una proporción o chi cuadrado de bondad de ajuste, según las categorías y frecuencias esperadas. El contraste no sustituye la presentación de la proporción observada.

Contrastar una media con un parámetro poblacional evalúa si el promedio obtenido se aleja de un valor de referencia más allá de la variación atribuible al azar. La t de Student para una muestra es el procedimiento habitual. Descripción, estimación y contraste responden objetivos distintos y no deben confundirse.

1.1. Describir una variable categórica

Las frecuencias absolutas registran cuántas unidades pertenecen a cada categoría de una variable. Las frecuencias relativas expresan esa cantidad respecto del total observado, habitualmente como proporción o porcentaje. Ambas describen la distribución del grupo sin trasladar el resultado a una población mayor.

Este análisis corresponde a variables categóricas como modalidad de estudio, condición laboral, tipo de contrato o decisión judicial. Cada unidad debe ubicarse en una sola categoría y el conjunto de frecuencias debe completar el total de casos válidos. Las categorías deben definirse antes de revisar los resultados.

La frecuencia absoluta responde cuántos casos se observaron; la relativa responde qué parte del grupo representan. Informar solo porcentajes puede ocultar que una categoría contiene pocos casos. Informar solo números impide comparar grupos de tamaños distintos. La tabla debe mostrar ambas cifras cuando el espacio editorial lo permita.

Pensemos en una biblioteca que consulta a 240 usuarios sobre su modalidad preferida de préstamo. Si 156 prefieren el préstamo digital, la frecuencia absoluta es 156 y la relativa es 65.0 %. El resultado describe la preferencia de las personas encuestadas, no la de todos los usuarios de la biblioteca.

Las tablas de frecuencia pueden acompañarse de gráficos de barras o sectores cuando mejoran la lectura. Las barras comparan con claridad las categorías y funcionan bien si son varias; los sectores convienen solo para pocas categorías excluyentes. El recurso gráfico no reemplaza la tabla cuando se requieren valores exactos.

Describir frecuencias exige declarar el denominador utilizado y el tratamiento de datos faltantes. Un porcentaje calculado sobre 240 respuestas no equivale a otro calculado sobre 218 respuestas válidas. Esta precisión evita conclusiones engañosas y prepara una posterior comparación, asociación o estimación.

Ejemplo 1: Describir frecuencias absolutas y relativas

Situación. En un curso de análisis de datos participaron 147 personas. Antes de comparar, asociar o explicar variables, se registró el sexo de cada participante para caracterizar la composición del grupo.

Nivel investigativo: descriptivo.
Objetivo estadístico: describir una variable categórica.
Variable: sexo, categórica nominal dicotómica.
Procedimiento: frecuencias absolutas y relativas.

Pregunta de análisis. ¿Cómo se distribuyen los participantes según sexo? La frecuencia absoluta responde cuántas personas hay en cada categoría; la frecuencia relativa expresa esa misma cantidad como porcentaje del total válido.

Tabla 1. Distribución de los participantes según sexo

Sexo	Frecuencia (n)	Porcentaje (%)
Masculino	80	54.4
Femenino	67	45.6
Total	**147**	**100.0**

Lectura del resultado. La tabla muestra 80 participantes masculinos y 67 femeninos. Para obtener el primer porcentaje se calcula 80 / 147 × 100 = 54.4 %. La categoría masculina tiene la mayor frecuencia, con una diferencia descriptiva de 8.8 puntos porcentuales.

Decisión estadística. No corresponde aplicar una prueba de hipótesis porque el objetivo es describir una sola variable dentro del grupo observado. El informe debe presentar n y %, indicar el total válido y, si facilita la lectura, acompañar la tabla con un gráfico de barras.

1.2. Describir una variable numérica

Describir una variable numérica consiste en resumir los valores obtenidos por cada unidad mediante medidas de posición, tendencia central, dispersión y forma. Edad, ingreso mensual, tiempo de espera, rendimiento o consumo energético son variables numéricas que admiten operaciones aritméticas y síntesis cuantitativas.

La media resume el promedio y resulta útil cuando la distribución es aproximadamente simétrica y no contiene valores extremos influyentes. La mediana divide los datos ordenados en dos partes iguales y resiste mejor la asimetría. La elección entre ambas depende de la forma real de los valores y no del nombre de la variable.

La dispersión informa cuánto varían los valores alrededor del centro. La desviación estándar acompaña habitualmente a la media; el rango intercuartílico acompaña con frecuencia a la mediana. Una media de 70 puntos carece de significado suficiente si no se conoce si las calificaciones son homogéneas o muy heterogéneas.

Una empresa puede registrar el tiempo de respuesta de 80 solicitudes. Si la media es 18.4 horas y la desviación estándar es 2.1 horas, los tiempos se concentran cerca de ese valor. Si la mediana es 12.0 horas y algunos casos superan 100 horas, la media resumiría mal el funcionamiento habitual del servicio.

El histograma, el diagrama de caja y el gráfico de densidad ayudan a revisar la forma de la distribución. Revelan asimetría, agrupamientos, valores extremos o límites artificiales de medición. No son adornos: orientan la medida descriptiva adecuada y anticipan los procedimientos compatibles con los datos.

La descripción numérica no prueba diferencias ni generaliza automáticamente a una población. Su función es mostrar cómo se distribuye una variable en las unidades observadas y documentar la variabilidad existente. Una medida central acompañada de dispersión ofrece una síntesis más fiel que informar un único promedio.

Ejemplo 2: Describir una variable numérica

Situación. Se registraron edad, peso, talla e índice de masa corporal de 100 participantes para caracterizar al grupo antes de realizar comparaciones o asociaciones.

Nivel investigativo: descriptivo.

Objetivo estadístico: describir una variable numérica.

Variable: edad, peso, talla e índice de masa corporal; todas numéricas continuas, expresadas en sus unidades originales.

Procedimiento: medias, desviaciones estándar e intervalos de confianza para los datos.

Pregunta de análisis. ¿Cuáles son los valores centrales y la variabilidad de la edad, el peso, la talla y el índice de masa corporal?

Tabla 1. Resumen descriptivo e intervalo de confianza de los datos (n = 100)

Variable	Media	Desviación estándar	IC 95 % de los datos
Edad (años)	41.66	9.22	23.59–59.73
Peso (kg)	72.61	9.76	53.49–91.73
Talla (m)	1.67	0.07	1.54–1.80
IMC (kg/m^2)	25.97	2.84	20.40–31.55

Lectura del resultado. Las cuatro variables se presentan en sus unidades originales. La media resume el valor central; la desviación estándar y el IC 95 % de los datos muestran la variabilidad de cada medición.

Decisión estadística. El procedimiento describe las cuatro variables numéricas sin comparar ni asociar grupos. Esta tabla constituye el perfil cuantitativo inicial del grupo y permite reconocer la escala de cada medición.

1.3. Estimar una proporción poblacional

Estimar una proporción poblacional consiste en aproximar la fracción de personas, objetos o registros que presenta una condición a partir de una muestra. La proporción muestral es una estimación puntual; el intervalo de confianza añade un rango compatible con la incertidumbre del proceso de selección y medición.

La estimación requiere una población definida, una muestra vinculada a ella y una variable categórica con una condición de interés claramente operacionalizada. No basta con contar casos. La forma de selección, las pérdidas y la calidad de los registros determinan si la proporción observada puede emplearse para estimar a la población.

El intervalo de confianza al 95 % no señala dónde se ubica 95 % de las personas. Expresa un método que, aplicado repetidamente en muestras comparables, produciría intervalos que contienen el parámetro verdadero en 95 % de las ocasiones. Su amplitud muestra la precisión disponible y debe leerse junto con la estimación puntual.

Un municipio desea estimar la proporción de hogares que separa residuos. En una muestra de 400 hogares, 248 declaran hacerlo: la proporción estimada es 62.0 %. Si el IC 95 % va de 57.2 % a 66.8 %, ese rango contiene valores poblacionales compatibles con la información obtenida.

La precisión aumenta cuando crece el tamaño muestral y cuando la medición presenta menos variabilidad ajena al fenómeno. Una muestra pequeña produce intervalos amplios, incluso si la proporción puntual parece relevante. Un intervalo estrecho no corrige sesgos de selección, preguntas ambiguas ni registros incompletos.

Estimar una proporción responde a objetivos como calcular prevalencia, cobertura, cumplimiento o presencia de una característica. La conclusión debe mencionar la población, el periodo, la proporción y su intervalo de confianza. Así se distingue una estimación estadística de un porcentaje calculado en un grupo sin intención inferencial.

Ejemplo 3: Estimar una proporción poblacional

Situación. Se evaluó la presencia de cuatro condiciones metabólicas en una muestra de 385 personas. El interés consiste en estimar qué proporción de la población podría presentar diabetes, hipertensión, triglicéridos elevados o HDL colesterol disminuido.

Nivel investigativo: descriptivo.
Objetivo estadístico: estimar proporciones poblacionales.
Variable: presencia de cada condición, categórica dicotómica.
Procedimiento: prevalencias e intervalos de confianza al 95 % para cada proporción.

Pregunta de análisis. ¿Qué proporción poblacional presenta cada condición y cuál es el intervalo de incertidumbre compatible con los datos observados?

Tabla 1. Prevalencias e intervalos de confianza de las proporciones poblacionales (n = 385)

Condición	Casos	Prevalencia	IC 95 % de la proporción
Diabetes	69	17.9 %	14.1–21.8 %
Hipertensión	150	39.0 %	34.1–43.8 %
Triglicéridos elevados	200	51.9 %	46.9–56.9 %
HDL colesterol disminuido	181	47.0 %	42.0–52.0 %

Lectura del resultado. La prevalencia estimada de diabetes fue 17.9 %, con un IC 95 % de 14.1 % a 21.8 %. La prevalencia de hipertensión fue 39.0 %, mientras que 51.9 % presentó triglicéridos elevados y 47.0 % HDL colesterol disminuido.

Decisión estadística. Las prevalencias describen las proporciones observadas; los intervalos de confianza expresan el rango de valores poblacionales compatibles con cada estimación. No se compararon grupos ni se contrastó una hipótesis.

1.4. Estimar una media poblacional

Estimar una media poblacional busca aproximar el valor promedio de una variable numérica en una población definida. La media de la muestra funciona como estimación puntual y el intervalo de confianza delimita valores poblacionales compatibles con los datos. El resultado requiere una unidad de medida clara y una población accesible.

La validez de la estimación depende de que cada observación corresponda a la unidad definida por el estudio y de que la muestra represente razonablemente a la población. Un promedio de gastos elaborado solo con clientes frecuentes no estima el gasto de todos los clientes. El análisis estadístico no corrige por sí solo una selección sesgada.

El IC 95 % de una media combina la variabilidad observada y el tamaño de la muestra. Dos grupos pueden tener la misma media, pero intervalos muy distintos si uno registra valores más dispersos o incluye menos unidades. Por ese motivo, el promedio debe presentarse con su intervalo y no como un número aislado aparentemente exacto.

Una universidad analiza el tiempo semanal de lectura de 100 estudiantes seleccionados. La media es 6.8 horas y el IC 95 % va de 6.1 a 7.5 horas. La mejor estimación puntual es 6.8, mientras que el intervalo comunica la precisión obtenida para el promedio de estudiantes de la población definida.

La distribución de los datos importa al construir e interpretar el intervalo. Con muestras pequeñas y asimetría marcada, la media puede ser inestable; conviene revisar gráficos, valores extremos y alternativas robustas. Con muestras amplias, la inferencia suele ser más estable, pero sigue requiriendo una selección y medición defendibles.

La estimación de una media responde a preguntas sobre rendimiento, costos, duración, producción o concentración de un valor cuantitativo. Una conclusión adecuada informa qué promedio se estima, en quiénes, durante qué periodo y con qué precisión. Ese detalle limita las generalizaciones y conserva la correspondencia entre muestra y población.

Ejemplo 4: Estimar una media poblacional

Situación. Se registraron edad, peso, talla e índice de masa corporal en una muestra de 385 participantes. El propósito es estimar las medias de estas variables en la población de la que procede la muestra.

Nivel investigativo: descriptivo.

Objetivo estadístico: estimar medias poblacionales.

Variable: edad, peso, talla e índice de masa corporal; todas numéricas continuas.

Procedimiento: medias, errores estándar e intervalos de confianza al 95 % para cada media.

Pregunta de análisis. ¿Qué valores medios se estiman para estas variables en la población y cuál es la precisión de cada estimación?

Tabla 1. Estimación e intervalo de confianza al 95 % de las medias poblacionales (n = 385)

Variable	Media	Error estándar	IC 95 % de la media
Edad (años)	40.03	0.49	39.05–41.00
Peso (kg)	75.82	0.65	74.55–77.09
Talla (cm)	170.44	0.55	169.36–171.52
IMC (kg/m^2)	25.99	0.15	25.70–26.27

Lectura del resultado. La edad media estimada en la población fue 40.03 años, con un IC 95 % de 39.05 a 41.00 años. La tabla también estima un peso medio de 75.82 kg, una talla media de 170.44 cm y un IMC medio de 25.99 kg/m^2.

Decisión estadística. Cada intervalo expresa la incertidumbre de la media poblacional estimada. No describe el rango individual de los datos ni establece diferencias entre grupos; solo estima el parámetro de interés.

1.5. Contrastar una proporción con un parámetro poblacional

Contrastar una proporción con un parámetro poblacional examina si la proporción observada en una muestra es compatible con un valor de referencia definido antes del análisis. El parámetro puede proceder de una meta institucional, un registro histórico, una norma técnica o una estimación previa aplicable a la población estudiada.

La hipótesis nula plantea que la proporción poblacional coincide con el valor de referencia; la alternativa plantea que difiere, es mayor o es menor, según el objetivo formulado. La dirección del contraste debe decidirse antes de mirar los datos. Elegirla después altera el sentido del procedimiento y eleva el riesgo de error.

Para variables categóricas dicotómicas se emplea una prueba para una proporción; para varias categorías se utiliza chi cuadrado de bondad de ajuste. Ambos procedimientos comparan frecuencias observadas con frecuencias esperadas bajo la hipótesis nula. La elección depende del número de categorías y de las frecuencias esperadas.

Una plataforma educativa afirma que 80.0 % de sus cursos se entrega dentro del plazo previsto. En una muestra de 200 cursos, 146 cumplen el plazo, equivalente a 73.0 %. La prueba contrasta si esta diferencia frente al 80.0 % puede atribuirse a variación aleatoria o si aporta evidencia de un desempeño distinto al declarado.

El p-valor no expresa la probabilidad de que la hipótesis nula sea verdadera. Indica cuán compatibles son los datos, o datos más extremos, con esa hipótesis y el modelo utilizado. También conviene presentar la diferencia respecto del parámetro y su intervalo de confianza; una significancia aislada no informa la magnitud práctica.

Las frecuencias esperadas deben ser suficientes para sostener la aproximación de chi cuadrado. Cuando son bajas, corresponde una prueba exacta o un agrupamiento justificado de categorías. La conclusión queda limitada al parámetro, la población y el periodo definidos; no demuestra la causa de la diferencia hallada.

Ejemplo 5: Contrastar una proporción con un parámetro poblacional

Situación. En 385 personas mayores de 40 años se identificaron 51 casos de diabetes. La prevalencia de referencia en la población general es 8.0 %.

Nivel investigativo: descriptivo.
Objetivo estadístico: contrastar una proporción con un parámetro poblacional.
Variable: presencia de diabetes, categórica dicotómica.
Procedimiento: chi cuadrado de bondad de ajuste para una proporción.

Pregunta de análisis. ¿La prevalencia de diabetes en personas mayores de 40 años es distinta de 8.0 %?

Tabla 1. Chi cuadrado de bondad de ajuste para la prevalencia de diabetes (n = 385)

Categoría	O observado	E esperado	O – E	(O – E)²	(O – E)² / E
Con diabetes	51	30.8	20.2	408.04	13.25
Sin diabetes	334	354.2	−20.2	408.04	1.15
Σ (O – E)² / E					**14.40**

$$\chi^2 = \Sigma \frac{(O - E)^2}{E} = 14.40$$

El ritual de la significancia estadística

1. Planteamiento de hipótesis.

Ho: La prevalencia de diabetes se ajusta a 8.0 %.

H1: La prevalencia de diabetes es distinta de 8.0 %.

2. Nivel de significancia. Se establece $\alpha = 0.05$ antes de observar el resultado.

3. Elección de prueba. Chi cuadrado de bondad de ajuste.

4. Cálculo del valor p. $\chi^2 = 14.40$, con 1 grado de libertad y $p < 0.001$.

5. Toma de decisión. Como $p < \alpha$, se rechaza Ho; la prevalencia observada, 13.2 %, es mayor que 8.0 %.

1.6. Contrastar una media con un parámetro poblacional

Contrastar una media con un parámetro poblacional evalúa si el promedio de una muestra es compatible con un valor de referencia previamente conocido. La prueba t de Student para una muestra se utiliza cuando la variable es numérica y las observaciones son independientes. El valor de referencia debe tener un origen pertinente y documentado.

La hipótesis nula indica que la media poblacional es igual al parámetro; la alternativa puede plantear diferencia, aumento o disminución. Esta última debe derivarse del objetivo y no de una expectativa creada después de revisar la media muestral. La decisión analítica conserva coherencia con la pregunta científica y el sentido del contraste.

La prueba t calcula la diferencia entre la media observada y el valor de referencia en relación con la variabilidad de los datos y el tamaño muestral. Una diferencia pequeña puede ser significativa en una muestra grande; una diferencia importante puede no serlo con pocos datos. El p-valor debe acompañarse de la diferencia y su intervalo.

Una fábrica verifica si el peso medio de un envase coincide con 500.0 g, valor exigido por su especificación. En una muestra de 60 envases, la media es 496.8 g. La prueba t para una muestra evalúa si la diferencia de 3.2 g es compatible con la variación del proceso o si aporta evidencia de alejamiento del estándar.

La prueba requiere revisar la independencia de las observaciones y la distribución de los valores, sobre todo con muestras pequeñas. Los valores extremos pueden modificar de forma marcada la media y la desviación estándar. Un histograma y un diagrama de caja ayudan a detectar problemas que el resultado de la prueba no revela por sí solo.

La conclusión debe declarar si se rechaza o no se rechaza la hipótesis nula al nivel de significancia previsto, pero también informar la media observada, la diferencia y el intervalo de confianza. No rechazar la hipótesis nula no prueba igualdad exacta; puede reflejar una diferencia pequeña, incertidumbre o muestra insuficiente.

Ejemplo 6: Contrastar una media con un parámetro poblacional

Situación. En una muestra de 100 recién nacidos se registró el peso al nacer. Se desea verificar si el peso promedio difiere de 3 000 g, valor de referencia para la población.

Nivel investigativo: descriptivo.
Objetivo estadístico: contrastar una media con un parámetro poblacional.
Variable aleatoria: peso del recién nacido, numérica continua.
Procedimiento: t de Student para una sola muestra.

Pregunta de análisis. ¿El peso medio de los recién nacidos evaluados es diferente de 3 000 g?

Tabla 1. Resumen del peso al nacer y parámetro de contraste (n = 100)

Variable	Media (g)	EE (g)	IC 95 % (g)
Peso del recién nacido	3 256.6	39.8	3 177.7–3 335.5

$$\frac{\bar{x} - \mu_0}{s \,/\, \sqrt{n}} = 6.45$$

El ritual de la significancia estadística

1. Planteamiento de hipótesis.
Ho: El peso medio de los recién nacidos es igual a 3 000 g.
H1: El peso medio de los recién nacidos es distinto de 3 000 g.
2. Nivel de significancia. Se establece $\alpha = 0.05$ antes de observar el resultado.
3. Elección de prueba. t de Student para una sola muestra.
4. Cálculo del valor p. t = 6.45, gl = 99 y $p < 0.001$.
5. Toma de decisión. Como $p < \alpha$, se rechaza Ho; el peso medio observado, 3 256.6 g, es diferente que 3 000 g.

2. ANÁLISIS ESTADÍSTICO DE NIVEL RELACIONAL CON VARIABLES CATEGÓTRICAS

El análisis relacional con variables categóricas estudia dos condiciones al mismo tiempo. Por ejemplo, modalidad de enseñanza y aprobación, o turno laboral y cumplimiento. El primer paso es construir una tabla de contingencia, donde cada celda muestra cuántas unidades presentan ambas condiciones.

La misma tabla puede responder preguntas distintas. Si una variable define grupos, se comparan proporciones con chi cuadrado de homogeneidad. Si ambas variables son condiciones observadas, se busca asociación con chi cuadrado de independencia. Cuando las unidades se miden dos veces, corresponde McNemar.

Después de hallar una asociación, se puede medir su fuerza. Phi o V de Cramer sirven en tablas generales; razón de prevalencias, Riesgo Relativo u Odds Ratio se usan según el diseño. Si las frecuencias esperadas son bajas, Fisher sustituye chi cuadrado. Ninguna de estas pruebas demuestra causalidad.

Comparar y asociar variables categóricas

El análisis relacional con variables categóricas estudia dos condiciones en las mismas unidades y tiene alcance bivariado. La tabla de contingencia organiza frecuencias, totales y porcentajes. Antes de calcular una prueba se revisan categorías excluyentes, datos faltantes y el denominador de cada porcentaje.

Comparar proporciones entre grupos independientes exige que una variable fija organice los grupos y otra registre el resultado. Chi cuadrado de homogeneidad contrasta la igualdad de proporciones. Los porcentajes por grupo muestran luego la dirección de la diferencia; el p-valor no la informa por sí solo.

Cuando la misma unidad aporta dos o más respuestas, las mediciones son dependientes. McNemar compara una variable dicotómica en dos momentos y Q de Cochran la compara en tres o más. Aplicar chi cuadrado para grupos independientes desconoce la repetición y cambia indebidamente el sentido del análisis.

Asociar variables categóricas pregunta si dos condiciones se distribuyen de forma dependiente. Ninguna organiza grupos prefijados por el investigador. Chi cuadrado de independencia compara frecuencias observadas y esperadas; el resultado debe leerse con los porcentajes de la tabla y sin atribuir causalidad.

Medir la fuerza de una asociación complementa la prueba de independencia. Phi y V de Cramer se aplican en tablas generales; razón de prevalencias, Riesgo Relativo y Odds Ratio dependen del diseño y de la temporalidad. La medida debe informar el grupo de referencia e incluir su intervalo de confianza.

Si las frecuencias esperadas son escasas en una tabla de 2 × 2, la prueba exacta de Fisher reemplaza la aproximación de chi cuadrado. Mantiene el objetivo de asociar variables categóricas y solo cambia el cálculo del p-valor. La tabla y una medida de fuerza completan la interpretación del resultado.

2.1. Organizar datos en tablas de contingencia

Una tabla de contingencia organiza conjuntamente dos variables categóricas. Las filas representan las categorías de una variable y las columnas las de otra; cada celda muestra cuántas unidades presentan ambas condiciones. Su lectura comienza antes de cualquier prueba estadística, porque hace visible la estructura real de los datos.

La unidad de análisis debe aparecer una sola vez en la tabla. Si se registra a una persona en dos filas, se mezcla la información y se altera la independencia de las observaciones. Antes de construir la tabla conviene revisar códigos, categorías excluyentes, datos faltantes y la correspondencia entre cada registro y la unidad definida por el estudio.

Los totales marginales muestran la distribución de cada variable por separado. El total de una fila informa cuántas unidades pertenecen a una categoría; el total de una columna informa cuántas presentan la otra condición. La suma de todas las celdas debe coincidir con el número de unidades válidas incluidas en el análisis.

Los porcentajes deben calcularse según la pregunta estadística. Los porcentajes por fila ayudan a comparar cómo se distribuye una variable dentro de cada grupo; los porcentajes por columna sirven cuando la lectura parte de las categorías verticales. El porcentaje total puede ser útil para describir la muestra.

Pensemos en dos modalidades de enseñanza, presencial y virtual, y en el resultado de aprobación, aprobado o desaprobado. La tabla de 2×2 muestra cuántos estudiantes de cada modalidad alcanzaron cada resultado. Antes de afirmar que una modalidad tiene mayor aprobación, debe revisarse qué porcentaje aprueba dentro de cada modalidad.

La tabla de contingencia no decide si existe una diferencia ni una asociación. Presenta los datos que sostendrán esa decisión. Su diseño debe indicar con claridad qué variable organiza los grupos, cuál describe el resultado, qué porcentajes se emplean y cuál es el denominador. Una tabla bien construida evita errores antes del cálculo estadístico.

Ejemplo 7: Organizar datos en tablas de contingencia

Situación. En una encuesta sobre preferencias electorales se registraron, para 545 personas, el candidato mencionado y la cualidad que cada persona consideró más importante. Las respuestas se organizan antes de comparar o asociar variables.

Nivel investigativo: relacional.
Objetivo estadístico: organizar datos en tablas de contingencia.
Variables: candidato y cualidad percibida, categóricas nominales politómicas.
Procedimiento: tabla de contingencia.

Pregunta de análisis. ¿Cómo se distribuyen las cualidades atribuidas a cada candidato?

Tabla 1. Cualidad percibida según candidato (n = 545)

Candidato	Comunicación	Estudios universitarios	Experiencia	Integridad	Total
Alva	24	11	14	33	82
Bernal	58	19	12	69	158
Castro	91	41	8	34	174
Díaz	40	62	5	10	117
Estrada	3	9	1	1	14
Total	**216**	**142**	**40**	**147**	**545**

Lectura de la tabla. Cada celda muestra el número de personas que atribuyó una cualidad a un candidato. Los totales de fila y de columna resumen la distribución marginal; la tabla todavía no afirma diferencias ni asociación estadística. Primero organiza la información conjunta y prepara los análisis posteriores.

2.2. Comparar proporciones entre grupos independientes

Comparar proporciones entre grupos independientes busca determinar si la frecuencia relativa de una característica difiere entre grupos distintos. Las unidades que pertenecen a un grupo no deben pertenecer al otro. Este objetivo aparece al comparar aprobación entre salones, cumplimiento entre sedes o satisfacción entre tipos de servicio.

La variable que define los grupos es fija cuando sus categorías han sido establecidas antes de recoger los datos. La variable de resultado es categórica y aleatoria, porque expresa una condición observada en cada unidad. Esta estructura orienta una prueba de homogeneidad.

En una comparación de dos grupos con resultado dicotómico, el chi cuadrado de homogeneidad contrasta si las proporciones poblacionales son compatibles con la igualdad. Si el resultado es significativo, se revisan los porcentajes por grupo para conocer la dirección de la diferencia. El p-valor no informa cuál grupo tiene la mayor proporción.

Una institución puede comparar el cumplimiento de un protocolo entre dos oficinas. Si 72 de 90 trabajadores de la oficina A cumplen y 54 de 90 trabajadores de la oficina B cumplen, las proporciones son 80.0 % y 60.0 %. La prueba evalúa si esa diferencia de 20.0 puntos porcentuales supera la variación esperable por azar.

La independencia exige que un trabajador aporte información a una sola oficina y que la medición no se repita en ambos grupos. Si se compara la misma persona antes y después de una capacitación, los grupos dejan de ser independientes. Aplicar chi cuadrado de homogeneidad en ese caso ignoraría la dependencia y produciría un análisis inadecuado.

El resultado debe comunicarse como diferencia entre proporciones, con sus porcentajes y, cuando corresponda, su intervalo de confianza. La conclusión se limita a señalar si los grupos difieren respecto de la característica estudiada. Una diferencia estadística no demuestra que la pertenencia al grupo cause el resultado.

Ejemplo 8: Comparar proporciones entre grupos independientes

Situación. Se evaluó el estrés laboral en 100 profesionales de una universidad local, distribuidos en Ciencias de la Salud, Ciencias Sociales e Ingenierías. Cada profesional pertenece a una sola área académica.

Nivel investigativo: relacional.
Objetivo estadístico: comparar proporciones entre grupos independientes.
Variable aleatoria: estrés laboral, categórica nominal dicotómica.
Grupos: área académica, categórica nominal politómica.
Procedimiento: Chi cuadrado de homogeneidad.

Pregunta de análisis. ¿La prevalencia de estrés laboral es diferente entre las tres áreas académicas?

Tabla 1. Prevalencia de estrés laboral según área académica (n = 100)

Estrés laboral	Ciencias de la salud	Ciencias sociales	Ingenierías	Total
Sí	30 (68.2 %)	14 (51.9 %)	11 (37.9 %)	55 (55.0 %)
No	14 (31.8 %)	13 (48.1 %)	18 (62.1 %)	45 (45.0 %)
Total	**44 (100.0 %)**	**27 (100.0 %)**	**29 (100.0 %)**	**100 (100.0 %)**

El ritual de la significancia estadística

1. Planteamiento de hipótesis.

H_0: La prevalencia de estrés laboral no es diferente entre las tres áreas académicas.

H_1: La prevalencia de estrés laboral es diferente entre las tres áreas académicas.

2. Nivel de significancia. Se establece $\alpha = 0.05$ antes de observar el resultado.

3. Elección de prueba. Chi cuadrado de homogeneidad.

4. Cálculo del valor p. $\chi^2 = 6.61$, gl = 2 y p = 0.037.

5. Toma de decisión. Como $p < \alpha$, se rechaza H_0.

2.3. Comparar proporciones en medidas repetidas

Comparar proporciones en medidas repetidas analiza cambios de una variable categórica medida dos o más veces en las mismas unidades. Cada unidad de estudio aporta datos vinculados entre momentos. La pregunta no compara grupos separados: evalúa si una condición cambia dentro del mismo conjunto.

La dependencia define este objetivo. Una persona fumadora antes de una intervención puede mantener, abandonar o iniciar esa condición después. Tratar ambas mediciones como si provinieran de grupos independientes desconoce que pertenecen a la misma persona y oculta la dirección individual del cambio.

Con dos mediciones y una variable dicotómica, la prueba de McNemar compara los pares discordantes. Los pares concordantes, que mantienen la misma respuesta, no sustentan el contraste. El análisis se centra en las unidades que pasaron de sí a no y en las que pasaron de no a sí entre ambos momentos.

Un colegio puede evaluar la entrega puntual de tareas antes y después de cambiar de plataforma. Si algunos estudiantes pasan de incumplir a cumplir y otros siguen la dirección contraria, McNemar contrasta si ambos cambios tienen frecuencia similar. El interés está en el cambio neto de cada estudiante.

Con tres o más mediciones relacionadas, la prueba Q de Cochran evalúa si las proporciones cambian entre momentos. Si hay evidencia de diferencia, se requieren comparaciones posteriores que respeten la repetición de las observaciones. El número de mediciones y el tipo de variable orientan el procedimiento.

La conclusión debe indicar el sentido del cambio y el periodo. Informar que la proporción pasó de 45.0 % a 62.0 % no basta si se omite que las mediciones corresponden a las mismas unidades. Reconocer la dependencia orienta pruebas compatibles y evita presentar un cambio como diferencia entre grupos.

Ejemplo 9: Comparar proporciones en medidas repetidas

Situación. Se evaluó la ansiedad de 100 postulantes universitarios antes y después del examen de admisión. Cada postulante aportó dos respuestas, de modo que las observaciones se encuentran vinculadas por la misma persona.

Nivel investigativo: relacional.
Objetivo estadístico: comparar proporciones en medidas repetidas.
Variable aleatoria: ansiedad, categórica nominal dicotómica.
Mediciones: antes y después del examen, en los mismos postulantes.
Procedimiento: prueba de McNemar.

Pregunta de análisis. ¿La proporción de postulantes con ansiedad varía luego del examen de admisión?

Tabla 1. Ansiedad antes y después del examen de admisión (n = 100)

Antes / Después	Con ansiedad	Sin ansiedad	Total
Con ansiedad	20 (20.0 %)	11 (11.0 %)	31 (31.0 %)
Sin ansiedad	26 (26.0 %)	43 (43.0 %)	69 (69.0 %)
Total	**46 (46.0 %)**	**54 (54.0 %)**	**100 (100.0 %)**

El ritual de la significancia estadística

1. Planteamiento de hipótesis.

H_0: La proporción de postulantes con ansiedad no varía luego del examen de admisión.

H_1: La proporción de postulantes con ansiedad varía luego del examen de admisión.

2. Nivel de significancia. Se establece $\alpha = 0.05$ antes de observar el resultado.

3. Elección de prueba. Prueba de McNemar.

4. Cálculo del valor p. $p = 0.020$.

5. Toma de decisión. Como $p < \alpha$, se rechaza H_0.

2.4. Asociar variables categóricas

Asociar variables categóricas busca establecer si dos condiciones se distribuyen de manera dependiente. Ninguna variable organiza grupos fijos definidos por el investigador; ambas se observan como características de las unidades. El interés se centra en su concurrencia y no en demostrar que una categoría produzca la otra.

La hipótesis nula plantea independencia entre las variables. Las frecuencias esperadas se calculan a partir de los totales marginales de la tabla. La prueba de chi cuadrado de independencia compara las frecuencias observadas con esas frecuencias esperadas y evalúa si la discrepancia resulta compatible con la variación aleatoria.

Puede estudiarse la asociación entre hábito de lectura frecuente y aprobación de un curso. En ese caso, cada variable clasifica a las mismas unidades según una condición observada. La tabla de contingencia muestra el patrón conjunto antes de que la prueba determine su compatibilidad con la independencia.

Un p-valor menor que el nivel de significancia permite rechazar la hipótesis de independencia. Para interpretar la asociación se revisan los porcentajes de la tabla y, si corresponde, una medida de fuerza. Una asociación significativa puede ser débil, mientras que una asociación relevante requiere describir su magnitud.

La asociación estadística no equivale a causalidad. Dos variables pueden aparecer vinculadas por una tercera condición, por un sesgo de selección o por la forma en que fueron medidas. La edad, el contexto socioeconómico o la experiencia previa pueden explicar parte de una relación observada.

Una misma tabla de 2×2 admite comparar grupos, asociar condiciones o calcular una medida de relación, pero cada acción responde a una pregunta distinta. Llamar asociación a toda tabla de contingencia desordena la interpretación y puede llevar a escoger una prueba incompatible con la intención investigativa.

Ejemplo 10: Asociar variables categóricas

Situación. Se evaluó a 100 profesores universitarios para conocer si la afinidad predominante por letras o números se relaciona con el área académica a la que pertenecen. Ambas características se registraron en cada profesor.

Nivel investigativo: relacional.

Objetivo estadístico: asociar variables categóricas.

Variables: afinidad por la materia y área académica, categóricas nominales dicotómicas.

Procedimiento: Chi cuadrado de independencia.

Pregunta de análisis. ¿Existe asociación entre la afinidad por letras y pertenecer al área de Ciencias de la Salud?

Tabla 1. Afinidad por la materia según área académica (n = 100)

Afinidad por la materia	Ciencias de la salud	Ciencias sociales	Total
Letras	47 (47.0 %)	13 (13.0 %)	60 (60.0 %)
Números	23 (23.0 %)	17 (17.0 %)	40 (40.0 %)
Total	**70 (70.0 %)**	**30 (30.0 %)**	**100 (100.0 %)**

El ritual de la significancia estadística

1. Planteamiento de hipótesis.

H_0: No existe asociación entre la afinidad por la materia y el área académica.

H_1: Existe asociación entre la afinidad por la materia y el área académica.

2. Nivel de significancia. Se establece $\alpha = 0.05$ antes de observar el resultado.

3. Elección de prueba. Chi cuadrado de independencia.

4. Cálculo del valor p. $\chi^2 = 4.94$, gl = 1 y $p = 0.026$.

5. Toma de decisión. Como $p < \alpha$, se rechaza H_0.

2.5. Medir la fuerza de la asociación

Medir la fuerza de una asociación cuantifica la magnitud del vínculo entre variables categóricas. La prueba de independencia señala asociación; la medida de fuerza indica su intensidad y dirección. Ambas lecturas se complementan; no sustituyen la pregunta metodológica original del estudio, con rigor.

La medida depende de la tabla y del diseño. En tablas generales se emplean Phi o V de Cramér. En tablas de 2 × 2, la razón de prevalencias, el Riesgo Relativo y el Odds Ratio adquieren sentido según temporalidad, punto de partida y forma de seleccionar las unidades de estudio en cada análisis útil.

La razón de prevalencias compara la frecuencia de una condición entre categorías observadas en un momento. Es útil en diseños transversales, como comparar agotamiento laboral entre trabajadores con y sin turnos nocturnos. Su lectura conserva la lógica del corte transversal, sin registrar incidencia.

El Riesgo Relativo compara un desenlace entre grupos expuestos y no expuestos en seguimiento. Requiere cohortes o estructuras donde se calcule incidencia. El Odds Ratio compara razones de posibilidades y es propio de casos y controles, donde el desenlace organiza la selección pertinente de unidades.

Una medida mayor que 1.0 indica mayor frecuencia del desenlace o condición en el grupo expuesto; una menor que 1.0 indica menor frecuencia. El intervalo de confianza valora la precisión. Si incluye el valor nulo, la evidencia es compatible con ausencia de diferencia o asociación en la población.

Una medida de fuerza no demuestra causalidad ni convierte una relación observada en factor de riesgo. Su lectura exige declarar diseño, variables comparadas, grupo de referencia e intervalo de confianza. Esta información evita usar indistintamente Riesgo Relativo, Odds Ratio y razón de prevalencias.

Ejemplo 11: Medir la fuerza de la asociación

Situación. Se siguió a 100 personas: 50 expuestas al sílice y 50 no expuestas. Luego se registró fibrosis pulmonar; corresponde a un diseño de cohortes.

Nivel investigativo: relacional.
Objetivo estadístico: medir la fuerza de la asociación.
Variables: exposición al sílice y fibrosis pulmonar, categóricas dicotómicas.
Diseño del estudio: cohortes.
Procedimiento: Riesgo Relativo.

Pregunta de análisis. ¿Cuán mayor es el riesgo de fibrosis pulmonar en las personas expuestas al sílice?

Tabla 1. Fibrosis pulmonar según exposición al sílice (n = 100)

Exposición al sílice	Con fibrosis	Sin fibrosis	Total
Sí	44 (88.0 %)	6 (12.0 %)	50 (100.0 %)
No	11 (22.0 %)	39 (78.0 %)	50 (100.0 %)
Total	**55 (55.0 %)**	**45 (45.0 %)**	**100 (100.0 %)**

$$Incidencia\ en\ expuestos = \frac{44}{50} = 0.88$$

$$Incidencia\ en\ no\ expuestos = \frac{11}{50} = 0.22$$

$$Razón\ de\ incidencias: RR = \frac{0.88}{0.22} = 4.00$$

Lectura del resultado. La incidencia fue 88.0 % en expuestos y 22.0 % en no expuestos. RR = 4.00 indica una incidencia cuatro veces mayor en expuestos; IC 95 %: 2.35–6.81.

2.6. Asociar con la prueba exacta de Fisher

Asociar con la prueba exacta de Fisher evalúa la independencia entre dos variables categóricas cuando las frecuencias esperadas son escasas. Se emplea con frecuencia en tablas de 2 × 2 y evita depender de chi cuadrado cuando su aproximación no ofrece una probabilidad fiable.

Fisher calcula la probabilidad exacta de observar una tabla como la obtenida, o una extrema, bajo la hipótesis de independencia y con los márgenes fijados. Por esa razón se llama exacta. Su finalidad no cambia: contrasta asociación entre variables categóricas; cambia la forma de calcular el p-valor.

Una investigación puede estudiar capacitación poco frecuente y aprobación de una certificación. Si pocos participantes recibieron capacitación, varias celdas tendrán frecuencias esperadas bajas. En lugar de aplicar chi cuadrado automáticamente, Fisher ofrece una alternativa compatible con esa escasez.

La prueba exacta de Fisher se usa cuando las frecuencias esperadas no cumplen los criterios de chi cuadrado. El número total de casos importa, pero la distribución entre celdas importa más. Una muestra amplia puede incluir una categoría muy rara y generar frecuencias esperadas insuficientes.

El resultado debe incluir la tabla de contingencia y, cuando el objetivo lo requiera, una medida de asociación con su intervalo de confianza. Fisher informa evidencia contra la independencia; no cuantifica el tamaño del vínculo. Los porcentajes y la medida elegida completan la lectura técnica.

Fisher no amplía las conclusiones permitidas por el diseño. Un p-valor exacto significativo indica que el patrón observado es poco compatible con independencia, pero no prueba influencia ni causalidad. La prueba resuelve una condición de los datos y conserva el objetivo de asociar variables categóricas.

Ejemplo 12: Asociar con la prueba exacta de Fisher

Situación. Un visitador médico entregó muestras a 50 médicos de dos sectores. Se desea determinar si la recepción depende del sector hospitalario.

Nivel investigativo: relacional.

Objetivo estadístico: asociar variables categóricas.

Variables: sector hospitalario y recepción de muestra médica, categóricas nominales dicotómicas.

Comportamiento de los datos: la frecuencia esperada mínima es 4.8.

Procedimiento: prueba exacta de Fisher.

Pregunta de análisis. ¿Existe asociación entre el sector hospitalario y la recepción de muestras médicas?

Tabla 1. Recepción de muestras médicas según sector hospitalario (n = 50)

Sector hospitalario	Recibieron	No recibieron	Total
Sector A	26 (86.7 %)	4 (13.3 %)	30 (100.0 %)
Sector B	12 (60.0 %)	8 (40.0 %)	20 (100.0 %)
Total	**38 (76.0 %)**	**12 (24.0 %)**	**50 (100.0 %)**

El ritual de la significancia estadística

1. Planteamiento de hipótesis.

H_0: La recepción de muestras es independiente del sector.

H_1: La recepción de muestras se asocia con el sector.

2. Nivel de significancia. Se establece $\alpha = 0.05$ antes de observar el resultado.

3. Elección de prueba. Prueba exacta de Fisher.

4. Cálculo del valor p. $p = 0.035$.

5. Toma de decisión. Como $p < \alpha$, se rechaza H_0.

3. ANÁLISIS ESTADÍSTICO DE NIVEL RELACIONAL CON VARIABLES NUMÉRICAS

El análisis relacional con variables numéricas estudia si un promedio cambia entre grupos o momentos, o si dos medidas cambian juntas. Por ejemplo, puede comparar el tiempo de atención entre oficinas o relacionar horas de lectura con una calificación. Sus resultados muestran vínculos, pero no prueban causas.

Si se comparan grupos diferentes, se usan t de Student o ANOVA. Si las mismas unidades se miden dos o más veces, se emplean t relacionada, ANOVA de medidas repetidas o modelos mixtos. La diferencia clave es sencilla: una unidad medida varias veces aporta datos relacionados, no grupos independientes.

La correlación resume cómo varían juntas dos variables numéricas. Pearson se usa para relaciones lineales y Spearman para relaciones monotónicas por rangos. Antes del cálculo se revisa un diagrama de dispersión. El informe debe incluir la diferencia o el coeficiente, su intervalo de confianza y el p-valor.

Comparar y correlacionar variables numéricas

El análisis relacional con variables numéricas estudia cambios de una medida según grupos, momentos o valores de otra variable. Sus acciones centrales son comparar promedios y correlacionar mediciones. La relación observada se interpreta según el tipo de estudio y el diseño; por sí sola no demuestra causalidad.

Los procedimientos paramétricos analizan variables numéricas mediante parámetros como media y varianza. T de Student, ANOVA, Pearson y regresión lineal no son intercambiables: cada uno responde una pregunta diferente. Su uso exige revisar independencia, residuos, valores extremos, linealidad y homogeneidad de varianzas.

Para comparar dos grupos independientes se utiliza la t de Student para muestras independientes. Si existen tres o más grupos, ANOVA realiza una evaluación global y evita múltiples comparaciones t. Después de una ANOVA significativa, Tukey o Games–Howell ayudan a identificar los grupos que difieren, según las varianzas.

Las medidas repetidas requieren reconocer que cada unidad aporta datos vinculados. La t relacionada compara dos momentos y ANOVA de medidas repetidas o modelos mixtos analizan tres o más. El análisis se concentra en el cambio dentro de cada unidad; una prueba para grupos independientes sería incompatible con esta estructura.

La correlación evalúa si dos variables numéricas varían conjuntamente. Pearson cuantifica una relación lineal; Spearman resume una relación monotónica con rangos. El diagrama de dispersión antecede al coeficiente porque muestra curvaturas, agrupamientos y valores extremos que podrían distorsionar la lectura estadística.

El informe debe indicar los grupos o variables estudiadas, la diferencia de promedios o el coeficiente de correlación, su intervalo de confianza y el p-valor. Una diferencia significativa puede ser trivial y una correlación no establece dirección causal. La magnitud, precisión y contexto completan la conclusión.

3.1. Procedimientos estadísticos paramétricos

Los procedimientos paramétricos analizan variables numéricas mediante modelos que estiman parámetros de la población, como la media y la varianza. Su selección no depende solo del nombre de la prueba, sino de la pregunta, el diseño, la independencia de las observaciones y el comportamiento de los datos.

La t de Student, el análisis de la varianza, la correlación de Pearson y la regresión lineal pertenecen a esta familia. Comparten la necesidad de interpretar una variable numérica y de estimar su variabilidad. No son procedimientos intercambiables: cada uno responde a un objetivo estadístico diferente.

La normalidad debe examinarse en relación con los residuos o con las diferencias que analiza el modelo, no como una propiedad aislada de toda la base de datos. También conviene revisar valores extremos, asimetría y dispersión. Un gráfico bien leído puede advertir problemas que una prueba formal no revela.

La homogeneidad de varianzas adquiere importancia cuando se comparan promedios entre grupos. Si las dispersiones son muy distintas, la t de Student convencional o ANOVA pueden requerir alternativas, como la t de Welch o ANOVA de Welch. La desigualdad no obliga automáticamente a abandonar el análisis paramétrico.

Una escuela puede comparar el puntaje promedio obtenido por estudiantes que siguieron dos estrategias de lectura. Si los grupos son independientes y el resultado es numérico, la t de Student permite estimar la diferencia de promedios. El informe debe incluir la diferencia, su intervalo de confianza y una medida de magnitud.

Los procedimientos paramétricos son útiles cuando corresponden al problema y a los datos disponibles. No son superiores por su nombre ni inferiores ante una pequeña desviación de normalidad. La decisión final integra el objetivo, la variable, el tipo de estudio, el diseño y las condiciones observadas en la información.

Ejemplo 13: Procedimientos estadísticos paramétricos

Situación. Se comparará el peso de recién nacidos de Arequipa y Tacna.

Nivel investigativo: relacional.
Objetivo estadístico: comparar promedios independientes.
Variable aleatoria: peso del recién nacido, numérica continua.
Comportamiento de los datos: normalidad y varianzas homogéneas.
Procedimiento: t de Student para muestras independientes.

Pregunta de análisis. ¿Se cumplen los supuestos para comparar los promedios?

Tabla 1. Peso del recién nacido según localidad (n = 100)

Localidad	n	Media (g)	EE (g)	IC 95 % (g)
Arequipa	50	3 335.8	54.2	3 226.9–3 444.7
Tacna	50	3 303.6	64.2	3 174.7–3 432.5

Tabla 2. Supuestos paramétricos

Supuesto	Prueba	Resultado	Decisión
Normalidad: AQP	K-S Lilliefors	p = 0.838	No se rechaza Ho
Normalidad: TAC	K-S Lilliefors	p = 0.405	No se rechaza Ho
Varianzas	Prueba de Levene	F = 0.752; p = 0.388	No se rechaza Ho

Lectura del resultado. Los tres valores p son mayores que α = 0.05; no se rechazan los supuestos evaluados.

Decisión estadística. Corresponde t de Student para muestras independientes, si las observaciones son independientes.

3.2. Comparación de promedios entre grupos

Comparar promedios entre grupos independientes consiste en determinar si una variable numérica presenta valores distintos entre conjuntos de unidades no vinculadas. Los grupos pueden corresponder a aulas, empresas, regiones, métodos de trabajo o tratamientos. Cada unidad debe pertenecer a un solo grupo de comparación.

Cuando existen dos grupos independientes, el procedimiento habitual es la t de Student para muestras independientes. Su hipótesis nula plantea que ambos promedios poblacionales son iguales. El resultado no debe reducirse al p-valor: interesa conocer la diferencia estimada, su precisión y la relevancia práctica de esa diferencia.

Si intervienen tres o más grupos, el análisis de la varianza evita realizar múltiples pruebas t. Comparar cada par de grupos sin corrección aumenta el riesgo de declarar diferencias por azar. ANOVA realiza primero una evaluación global y permite decidir si corresponde explorar contrastes adicionales entre grupos específicos.

Una empresa puede comparar el tiempo promedio de resolución de solicitudes en tres modalidades de atención. Si cada trabajador participa en una sola modalidad, las observaciones son independientes. Aplicar una prueba para medidas repetidas sería incorrecto, porque esa prueba supone que la misma unidad fue medida más de una vez.

La selección exige revisar la distribución de los datos, la presencia de valores extremos y la variabilidad de cada grupo. Si las varianzas son desiguales, la t de Welch ofrece una alternativa adecuada para dos grupos. Si el objetivo deja de ser comparar medias, la prueba paramétrica deja de responder la pregunta central.

La conclusión debe indicar qué grupos se compararon, cuál fue la diferencia observada y qué tan precisa fue su estimación. Una diferencia estadísticamente significativa no demuestra que una estrategia haya causado el resultado. Esa afirmación depende, además, de la asignación, el control de factores y el diseño del estudio.

Ejemplo 14: Comparar promedios entre grupos independientes

Situación. Se comparó el peso de recién nacidos de Arequipa y Puno.

Nivel investigativo: relacional.

Objetivo estadístico: comparar dos promedios independientes.

Variable aleatoria: peso del recién nacido, numérica continua.

Procedimiento: t de Student para muestras independientes.

Pregunta de análisis. ¿El peso promedio del recién nacido es distinto entre Arequipa y Puno?

Tabla 1. Comparación del peso del recién nacido (n = 100)

Medida	Arequipa (n = 50)	Puno (n = 50)	Diferencia A - P
Media (g)	3 302.6	3 135.5	167.0
EE (g)	59.4	51.3	78.5
IC 95 % (g)	3 184.7–3 420.5	3 033.7–3 237.4	11.2–322.8

t = 2.128, gl = 98 y p = 0.036.

1. Planteamiento de hipótesis.

H_0: El promedio de peso es igual en Arequipa y Puno.

H_1: El promedio de peso es distinto en Arequipa y Puno.

2. Nivel de significancia. Se establece $\alpha = 0.05$ antes de observar el resultado.

3. Elección de prueba. t de Student para muestras independientes.

4. Cálculo del valor p. t = 2.128, gl = 98 y p = 0.036.

5. Toma de decisión. Como $p < \alpha$, se rechaza H_0.

Lectura del resultado. Arequipa presentó un promedio 167.0 g mayor; el IC 95 % de la diferencia no incluye 0.

Decisión estadística. Los promedios difieren; no se infiere causalidad.

3.3. Comparar promedios en medidas repetidas

Comparar promedios en medidas repetidas analiza una variable numérica registrada dos o más veces en las mismas unidades. Un estudiante, una máquina, una familia o una organización aporta información vinculada entre momentos. El interés está en el cambio producido dentro de cada unidad y no en grupos ajenos.

Cuando se comparan dos mediciones, la t de Student para muestras relacionadas examina el promedio de las diferencias individuales. No compara dos promedios aislados. Por ello, reconoce que cada unidad tiene una condición inicial propia y aprovecha la relación existente entre la primera y la segunda medición.

Un municipio puede evaluar el tiempo promedio de atención antes y después de implantar una plataforma digital. Cada oficina aporta ambos registros. La t relacionada analiza si el cambio promedio es compatible con ausencia de modificación. Aplicar una t para grupos independientes ignoraría la correspondencia entre las oficinas.

Si existen tres o más mediciones, pueden utilizarse ANOVA de medidas repetidas o modelos mixtos. Estos procedimientos permiten examinar la evolución a través del tiempo y reconocer la dependencia entre registros. Los modelos mixtos son especialmente útiles cuando algunas unidades no completan todas las mediciones programadas.

La distribución de las diferencias, los valores extremos y la forma de la trayectoria deben revisarse antes de interpretar el resultado. En análisis con varios momentos, la esfericidad constituye una condición adicional de ANOVA convencional. Si no se cumple, pueden aplicarse correcciones o elegir un modelo más flexible.

El informe debe presentar los promedios en cada momento, la diferencia estimada y su intervalo de confianza. Informar solo que el p-valor fue menor que 0.05 deja incompleto el análisis. La conclusión debe distinguir entre un cambio observado y un efecto atribuido causalmente a una intervención determinada.

Ejemplo 15: Comparar promedios en medidas repetidas

Situación. Se registró el peso de 100 mujeres antes de la gestación y tres meses después del parto. Cada mujer aporta las dos mediciones.

Nivel investigativo: relacional.
Objetivo estadístico: comparar.
Tipo de variable: numérica continua.
Tipo de estudio: longitudinal.
Diseño del estudio: antes y después.
Comportamiento de los datos: diferencias con distribución normal.
Procedimiento: t de Student para muestras relacionadas.

Pregunta de análisis. ¿La gestación incrementa el peso promedio de las mujeres en más de 2 kg?

Tabla 1. Peso antes de la gestación y después del parto (n = 100)

Medida	Antes	Después	Diferencia
Media (kg)	62.186	64.534	2.348
IC 95 % (kg)	61.186–63.186	63.753–65.315	1.946–2.750

1. Planteamiento de hipótesis.
H_0: El incremento promedio de peso es menor o igual a 2 kg.
H_1: El incremento promedio de peso es mayor a 2 kg.
2. Nivel de significancia. Se establece $\alpha = 0.05$ antes de observar el resultado.
3. Elección de prueba. t de Student para muestras relacionadas.
4. Cálculo del valor p. $t = 1.717$, $gl = 99$ y $p = 0.045$.
5. Toma de decisión. Como $p < \alpha$, se rechaza H_0.

Lectura del resultado. El incremento medio fue 2.348 kg (IC 95 %: 1.946–2.750).
Decisión estadística. El incremento promedio supera 2 kg.

3.4. Correlación como prueba de hipótesis

La correlación como prueba de hipótesis evalúa si dos variables numéricas presentan una relación distinta de cero en la población. El planteamiento no pregunta si una variable causa a la otra. Pregunta si ambas varían conjuntamente de manera compatible con un patrón lineal o monotónico previamente definido.

La hipótesis nula plantea que el coeficiente de correlación poblacional es igual a cero. La prueba entrega un p-valor que ayuda a valorar la evidencia contra esa hipótesis. Sin embargo, un resultado significativo no expresa la intensidad del vínculo; para ello se debe informar también el coeficiente de correlación.

Una universidad puede estudiar la relación entre horas semanales de lectura y puntaje de comprensión. Si cada estudiante aporta ambas mediciones, puede estimarse una correlación. Antes del cálculo conviene observar un diagrama de dispersión, pues una nube de puntos revela patrones que el coeficiente aislado puede ocultar.

La correlación de Pearson evalúa una relación lineal entre variables numéricas. La correlación de Spearman evalúa una relación monotónica a partir de rangos. La elección no se realiza porque una prueba parezca más conocida, sino por la escala de las variables, la forma de la relación y los valores extremos.

Una asociación estadística no demuestra dirección causal. El puntaje de lectura puede relacionarse con las horas de estudio, pero también con motivación, apoyo familiar o experiencia académica previa. La correlación describe una covariación observada; no identifica por sí misma qué variable explica a la otra.

La conclusión debe presentar el coeficiente, el intervalo de confianza, el p-valor y la forma observada de la relación. Decir que existe correlación sin indicar si es positiva, negativa, débil o intensa limita la utilidad del resultado. También debe señalarse la población y el contexto al que corresponde la estimación.

Ejemplo 16: Correlación como prueba de hipótesis

Situación. Se midió hemoglobina materna y peso al nacer en 100 recién nacidos.

Nivel investigativo: relacional.
Objetivo estadístico: correlacionar variables numéricas.
Tipo de variable: dos variables numéricas continuas.
Tipo de estudio: transversal.
Comportamiento de los datos: linealidad de la relación.

Pregunta de análisis. ¿Existe correlación lineal entre la hemoglobina materna y el peso al nacer?

Tabla 1. Resumen de hemoglobina materna y peso al nacer (n = 100)

Variable	Media	EE	IC 99 %
Hemoglobina (mg/dL)	10.632	0.133	10.282–10.982
Peso al nacer (g)	3 328.300	36.624	3 232.125–3 424.475

1. Planteamiento de hipótesis.
H_0: $r = 0$.
H_1: $r \neq 0$.
2. Nivel de significancia. Se establece $\alpha = 0.05$ antes de observar el resultado.
3. Elección de prueba. Correlación de Pearson.
4. Cálculo del valor p. $r = 0.233$, $t = 2.376$, $gl = 98$ y $p = 0.019$.
5. Toma de decisión. Como $p < \alpha$, se rechaza H_0.

Lectura del resultado. La correlación positiva es débil, pero distinta de cero en la muestra.

Decisión estadística. Existe evidencia de una relación lineal, sin afirmar causalidad.

3.5. Medidas de correlación de Pearson y Spearman

El coeficiente de Pearson cuantifica la intensidad y la dirección de una relación lineal entre dos variables numéricas. Sus valores oscilan entre −1.00 y 1.00. Un valor positivo indica que ambas variables tienden a aumentar juntas; uno negativo indica que una aumenta mientras la otra disminuye.

El coeficiente de Spearman también oscila entre −1.00 y 1.00, pero se calcula a partir de los rangos de las observaciones. Resulta útil cuando las variables son ordinales o cuando la relación es monotónica sin ser necesariamente lineal. No debe emplearse solo por costumbre ni llamarse reemplazo automático de Pearson.

Pensemos en la relación entre antigüedad laboral y satisfacción con el trabajo. Si ambas variables numéricas forman una nube aproximadamente lineal, Pearson puede resumir la relación. Si la satisfacción se mide mediante rangos ordinales, Spearman conserva mejor la naturaleza ordenada de la información disponible.

Un coeficiente cercano a cero indica ausencia de relación lineal o monotónica apreciable, pero no descarta cualquier forma de vínculo. Dos variables pueden seguir una relación curvilínea y mostrar una correlación baja. Por ello, el gráfico de dispersión es indispensable antes de concluir que no existe relación entre las variables.

Los valores extremos pueden modificar notablemente la correlación de Pearson. Un solo caso excepcional, como una empresa muy grande en una muestra pequeña, puede aumentar o disminuir el coeficiente. Spearman reduce parte de esa influencia al trabajar con rangos, aunque tampoco corrige errores de medición ni problemas de selección.

Pearson y Spearman no comparan promedios, no miden concordancia y no demuestran causalidad. Cada coeficiente debe informarse con su intervalo de confianza y su p-valor cuando corresponda. La interpretación debe considerar el campo de estudio, pues una misma magnitud puede tener importancia distinta en educación, economía o ingeniería.

Ejemplo 17: Medidas de correlación de Pearson y Spearman

Situación. En 100 gestantes atendidas en un hospital, se registró el ponderado fetal por ecografía y el peso del recién nacido al parto. Se evaluó la relación entre ambas mediciones.

Nivel investigativo: relacional.
Objetivo estadístico: medir la fuerza de la correlación.
Tipo de variable: dos variables numéricas continuas.
Comportamiento de los datos: distribución normal y relación lineal.
Procedimiento: correlación de Pearson.

Comportamiento de los datos: relación monótona sin normalidad o sin linealidad.
Procedimiento: correlación de Spearman por rangos.

Pregunta de análisis. ¿Cuál es la intensidad de la relación entre ambas medidas y qué coeficiente corresponde: Pearson ante linealidad o Spearman ante monotonicidad?

Tabla 1. Correlación entre ponderado fetal y peso al nacer (n = 100)

Medida	Coeficiente	EE	IC 95 %
r de Pearson	0.822	0.032	0.744–0.877
rho de Spearman	0.793	0.042	0.696–0.859

Lectura del resultado. Los dos coeficientes son altos y sus intervalos excluyen cero. La cercanía entre ellos indica que la relación se conserva al ordenar los datos. El método ecográfico tiene utilidad inicial para anticipar el peso, pero la correlación no informa el error individual.

Decisión estadística. En la ruta paramétrica, Pearson conduce a la regresión lineal. En la ruta no paramétrica, Spearman verifica los rangos. La utilidad predictiva exige estimar la ecuación, evaluar la calibración y cuantificar el error.

3.6. Análisis de la varianza y pruebas post hoc

El análisis de la varianza, o ANOVA, compara el promedio de una variable numérica entre tres o más grupos. Su hipótesis nula plantea que todos los promedios poblacionales son iguales. La prueba F evalúa si la variación entre los grupos supera lo esperable por la variación existente dentro de ellos.

Una institución puede comparar el tiempo promedio de respuesta de cuatro sistemas de atención al usuario. Si cada caso pertenece a un solo sistema, ANOVA de un factor permite realizar una comparación global. Ejecutar seis pruebas t por separado aumentaría el riesgo de obtener diferencias aparentes por simple azar.

Un resultado significativo en ANOVA indica que al menos un promedio difiere de los demás, pero no identifica cuál. Las pruebas post hoc se aplican después para localizar las comparaciones que explican la diferencia global. Tukey es frecuente cuando las varianzas son homogéneas y los tamaños de grupo son similares.

Cuando las varianzas son distintas, procedimientos como Games–Howell pueden ser más apropiados para las comparaciones posteriores. La prueba post hoc debe corresponder a las condiciones de los datos y no elegirse únicamente porque ofrece muchos resultados.

El análisis debe presentar los promedios de cada grupo, su dispersión, el estadístico F, los grados de libertad, el p-valor y una medida de magnitud, como eta cuadrado. Las comparaciones post hoc deben incluir diferencias de promedios e intervalos de confianza. Así se reconoce tanto la dirección como la precisión de cada contraste.

ANOVA no transforma grupos observados en grupos equivalentes. Si las unidades eligieron libremente un sistema, una carrera profesional o una modalidad de trabajo, las diferencias pueden reflejar factores previos. El procedimiento compara promedios; la causalidad exige además un diseño que permita atribuir el cambio a una intervención.

Ejemplo 18: Análisis de la varianza y pruebas post hoc

Situación. Se comparó el peso al nacer de 100 recién nacidos: 25 procedían de Arequipa, Tacna, Puno y Cusco.

Nivel investigativo: relacional.

Objetivo estadístico: comparar promedios entre grupos.

Tipo de variable: peso continuo y procedencia nominal.

Comportamiento de los datos: normalidad y homogeneidad de varianzas.

Procedimiento: ANOVA de un factor y prueba post hoc de Tukey.

Pregunta de análisis. ¿Difieren los promedios de peso al nacer entre las regiones y qué pares explican esa diferencia?

Tabla 1. Peso al nacer según región de procedencia (n = 100)

Región	n	Media (g)	IC 95 % (g)
Arequipa	25	3 442.8	3 279.0–3 606.6
Tacna	25	3 630.0	3 498.4–3 761.6
Puno	25	3 214.4	3 058.1–3 370.7
Cusco	25	2 991.6	2 876.7–3 106.5

Tabla 2. Análisis de la varianza del peso al nacer

Fuente	SC	Gl	CM	F	p
Entre grupos	5 754 435.0	3	1 918 145.0	15.943	< 0.001
Dentro de grupos	11 549 656.0	96	120 308.9		
Total	17 304 091.0	99			

Lectura del resultado. ANOVA muestra diferencias globales entre los promedios, $F(3, 96) = 15.943$; $p < 0.001$. Tacna presenta el promedio mayor y Cusco el menor. Tukey identifica diferencias entre Tacna y Puno, Tacna y Cusco, y Arequipa y Cusco.

Decisión estadística. La tabla ANOVA establece la diferencia global; Tukey localiza los pares que la producen.

4. ANÁLISIS ESTADÍSTICO DE NIVEL EXPLICATIVO

El análisis explicativo busca saber si una intervención produce un cambio en un resultado. Por ejemplo, puede evaluar si una estrategia de enseñanza mejora el rendimiento o si un nuevo proceso reduce fallas. A diferencia del nivel relacional, no solo observa vínculos: plantea una posible relación de causa y efecto.

Para sostener esa conclusión se requiere un diseño experimental o cuasiexperimental. La asignación aleatoria distribuye las unidades entre los tratamientos y fortalece la comparación. Sin aleatorización, como en grupos no equivalentes, el análisis debe ser más prudente porque pueden existir diferencias previas.

Si el resultado es numérico, se comparan promedios con t de Student, ANOVA o modelos mixtos. Si es categórico, se comparan proporciones con chi cuadrado, Fisher o McNemar. La prueba no demuestra el efecto por sí sola: debe coincidir con la intervención, la asignación y la medición del resultado.

Estimar efectos de una intervención

El análisis estadístico de nivel explicativo evalúa si una intervención produce un cambio en un resultado. Su pregunta plantea una relación de efecto y exige algo más que una diferencia estadística. La atribución causal depende de la correspondencia entre pregunta, diseño, asignación, seguimiento, análisis e interpretación.

Los estudios experimentales, cuasiexperimentales y sus sucedáneos pertenecen a este nivel. En un experimento, el investigador asigna una intervención antes de medir el desenlace. La asignación aleatoria distribuye, en promedio, características conocidas y desconocidas entre grupos, aunque no sustituye una ejecución rigurosa.

El diseño completamente al azar se emplea cuando las unidades son relativamente homogéneas. Con dos tratamientos y un resultado numérico, puede usar t de Student para muestras independientes; con tres o más, ANOVA. La unidad experimental debe definirse antes de asignar la intervención y realizar el análisis.

El diseño en bloques al azar controla una fuente de variación reconocida antes de la asignación. Una escuela puede bloquear por grado académico y distribuir estrategias dentro de cada grado. ANOVA con bloques separa la variación del bloque de la atribuible al tratamiento y mejora la precisión estimada.

Los diseños factoriales estudian dos o más intervenciones al mismo tiempo. ANOVA factorial estima el efecto de cada factor y la interacción entre ellos. Una interacción indica que el resultado de una intervención cambia según la otra. Ignorarla puede ocultar condiciones relevantes para aplicar un tratamiento.

Los cuasiexperimentos aplican una intervención sin asignación aleatoria, como grupos no equivalentes o series temporales interrumpidas. Pueden emplear modelos ajustados, pero conservan amenazas de selección, historia o maduración. La conclusión debe informar el efecto, su intervalo de confianza y las limitaciones del diseño.

4.1. Diseño experimental completamente al azar

El diseño experimental completamente al azar asigna las unidades de estudio a los tratamientos mediante un mecanismo aleatorio. Todas las unidades tienen la misma posibilidad de recibir cualquiera de las condiciones previstas. Es el diseño más simple cuando los participantes, objetos o procesos son razonablemente homogéneos.

Una investigación puede comparar tres métodos de enseñanza en estudiantes con características similares. Cada estudiante recibe uno de los métodos mediante sorteo. La asignación previa evita que el investigador elija qué tratamiento recibe cada participante y reduce la influencia de diferencias iniciales no reconocidas.

El diseño requiere definir la unidad experimental antes de asignar los tratamientos. Si se estudian fertilizantes, la unidad puede ser una parcela; si se comparan programas de capacitación, puede ser un trabajador. Confundir la unidad experimental con la unidad de observación puede generar análisis incorrectos.

Cuando se comparan dos tratamientos y el resultado es numérico, puede utilizarse la t de Student para muestras independientes. Si existen tres o más tratamientos, corresponde una ANOVA de un factor. El procedimiento debe comparar las unidades asignadas y no mediciones repetidas obtenidas dentro de una misma unidad.

La aleatorización no elimina la necesidad de revisar el comportamiento de los datos. Deben examinarse valores extremos, distribución de residuos y homogeneidad de varianzas. Si aparecen diferencias importantes en el número de unidades por tratamiento, la interpretación requiere mayor cuidado y un análisis compatible con ese desequilibrio.

La conclusión puede atribuir diferencias entre tratamientos con mayor fundamento que un estudio observacional, siempre que la asignación y la ejecución hayan sido rigurosas. El análisis debe informar los promedios, las diferencias estimadas, los intervalos de confianza y la magnitud del efecto, además del resultado de la prueba de hipótesis.

Ejemplo 19: Diseño experimental completamente al azar

Situación. Cien gestantes fueron asignadas al azar a hierro intramuscular u oral, con 50 por grupo. Al finalizar se midió el incremento de hemoglobina.

El diseño completamente al azar asigna a cada gestante una sola vía de tratamiento. La aleatorización busca distribuir las diferencias iniciales entre los grupos; por ello, el incremento final se compara como resultado de dos muestras independientes.

El resultado es numérico y expresa el cambio de hemoglobina durante el tratamiento. Antes del contraste se revisaron normalidad aproximada y homogeneidad de varianzas, condiciones que permiten usar la t de Student para muestras independientes.

Pregunta de análisis. ¿El hierro intramuscular produce un incremento medio de hemoglobina diferente del hierro por vía oral?

Tabla 1. Incremento de hemoglobina según tratamiento (n = 100)

Tratamiento	n	Media (mg%)	EE	IC 95 %
Intramuscular	50	1.144	0.095	0.954–1.334
Vía oral	50	0.718	0.116	0.486–0.950

Tabla 2. Comparación del incremento de hemoglobina

Comparación	Diferencia	t	gl	p
IM - vía oral	0.426 mg%	2.847	98	0.005

Lectura del resultado. El incremento medio fue 0.426 mg% mayor con hierro intramuscular. El valor $p = 0.005$ indica que la diferencia observada no se explica fácilmente por variación muestral bajo un efecto nulo.

Decisión estadística. La comparación apoya un efecto mayor del hierro intramuscular en esta muestra. La interpretación causal depende de conservar la aleatorización, evitar pérdidas diferenciales y medir el resultado de manera equivalente en ambos grupos.

4.2. Diseño experimental en bloques al azar

El diseño experimental en bloques al azar organiza las unidades en conjuntos relativamente homogéneos antes de asignar los tratamientos. Cada bloque reúne unidades que comparten una característica capaz de influir en el resultado. Después, los tratamientos se distribuyen aleatoriamente dentro de cada bloque formado.

Una empresa puede comparar tres métodos de producción en turnos de mañana, tarde y noche. El turno puede afectar el rendimiento por condiciones de supervisión, iluminación o carga laboral. Al formar bloques por turno, el diseño evita confundir el efecto del método con una diferencia sistemática entre horarios.

El bloqueo no constituye un tratamiento adicional. Su función es controlar una fuente de variación reconocida antes de iniciar el experimento. La edad, el grado académico, el nivel de experiencia o la ubicación geográfica pueden servir como criterios de bloqueo si son relevantes para el resultado y permiten formar grupos comparables.

El análisis separa la variación atribuible a los tratamientos de la variación atribuible a los bloques. Una ANOVA con bloques permite estimar ambos componentes. Si se ignora el bloqueo y se analiza como diseño completamente al azar, puede aumentar el error residual y disminuir la capacidad para detectar diferencias verdaderas.

La asignación aleatoria debe ocurrir dentro de cada bloque y no entre bloques completos. No corresponde asignar un tratamiento a todo un bloque y otro tratamiento a un bloque diferente, porque el efecto del tratamiento quedaría mezclado con la característica usada para bloquear. Cada bloque debe contener una comparación válida.

El diseño en bloques al azar mejora la precisión cuando el criterio de bloqueo explica parte importante de la variabilidad del resultado. Sin embargo, añade exigencias de organización y análisis. La selección del bloque debe justificarse antes de recoger los datos y no construirse después de observar qué variable produce mejores resultados.

Ejemplo 20: Diseño experimental en bloques al azar

Situación. Se evaluó a 36 estudiantes de medicina de tres universidades. En cada una se asignaron al azar cuatro estudiantes a cada una de tres academias.

La academia es el tratamiento y la universidad es el bloque. El contexto institucional puede modificar el rendimiento sin formar parte de la preparación.

El bloqueo compara las academias dentro de cada universidad y separa la variación institucional del error residual.

Pregunta de análisis. ¿Difieren las academias al controlar la universidad de procedencia?

Tabla 1. Rendimiento en el examen según academia (n = 36)

Academia	n	Media	EE	IC 95 %
Alfa	12	12.9	0.7	11.3–14.5
Beta	12	13.1	0.7	11.5–14.7
Gamma	12	14.8	0.4	13.9–15.8

Tabla 2. ANOVA del diseño en bloques al azar

Fuente	SC	gl	CM	F	p
Academia	27.056	2	13.528	3.536	0.041
Universidad	38.889	2	19.444	5.082	0.012
Error	118.611	31	3.826		

Lectura del resultado. Sin bloquear, ANOVA obtuvo F = 2.834 y p = 0.073. Con el bloque, academia alcanzó F = 3.536 y p = 0.041; la universidad también explicó variación.

Decisión estadística. El bloqueo atribuye con mayor precisión la diferencia global a las academias. Para identificar los pares diferentes corresponden comparaciones post hoc ajustadas.

4.3. Diseño de bloques completos al azar

El diseño de bloques completos al azar es una forma específica del diseño en bloques. Se caracteriza porque cada bloque contiene todos los tratamientos que se desean comparar. Dentro de cada bloque, los tratamientos se asignan aleatoriamente a las unidades disponibles, manteniendo una comparación completa entre las condiciones.

Un investigador puede comparar cuatro estrategias de mantenimiento en máquinas clasificadas por antigüedad. Si cada grupo contiene las cuatro estrategias, cada bloque está completo. Así se compara cada estrategia entre máquinas de edad semejante y se reduce la influencia que la antigüedad ejerce sobre el tiempo de funcionamiento.

La palabra completo indica que ningún tratamiento falta dentro de un bloque. Esta condición facilita la estimación del efecto de los tratamientos porque todos aparecen en cada conjunto de comparación. También permite separar con claridad la variabilidad vinculada al bloque de aquella que puede atribuirse a las condiciones experimentales.

El análisis habitual utiliza una ANOVA con un factor de tratamiento y un factor de bloque. El interés principal sigue siendo comparar tratamientos, mientras el bloque controla una fuente conocida de variación. El efecto del bloque puede ser estadísticamente relevante, aunque no constituya el objetivo central del experimento.

El diseño requiere que las unidades de cada bloque sean suficientes para recibir todos los tratamientos. Si existen seis tratamientos, cada bloque necesita al menos seis unidades experimentales. Cuando esta condición no puede cumplirse por limitaciones de tiempo, costo o capacidad, puede ser necesario recurrir a bloques incompletos.

Una conclusión adecuada debe distinguir el efecto del tratamiento de las diferencias entre bloques. Informar que una estrategia produjo un promedio superior sin reconocer la variabilidad asociada con los bloques debilita el análisis. El diseño completo aporta precisión, pero solo si el bloqueo y la asignación se ejecutaron correctamente.

Ejemplo 21: Diseño de bloques completos al azar

Situación. Se evaluó la elevación de frecuencia cardiaca en 24 pacientes con asma tratados con salbutamol, fenoterol o terbutalina.

Cada combinación de edad y sexo formó un bloque completo: incluyó los tres broncodilatadores.

Edad y sexo no son tratamientos; se controlan para retirar su variación del error y precisar el efecto del broncodilatador.

Pregunta de análisis. ¿Qué broncodilatador eleva menos la frecuencia cardiaca al controlar edad y sexo?

Tabla 1. Elevación de frecuencia cardiaca según broncodilatador (n = 24)

Broncodilatador	n	Media (lat/min)	EE
Salbutamol	8	14.000	2.163
Fenoterol	8	12.125	1.060
Terbutalina	8	10.500	0.681

Tabla 2. ANOVA con bloques completos al azar

Fuente	SC	gl	CM	F	p
Tratamiento	49.083	2	24.542	4.721	0.023
Edad	170.458	3	56.819	10.930	< 0.001
Sexo	92.042	1	92.042	17.705	0.001
Error	88.375	17	5.199		

Lectura del resultado. Terbutalina presentó la menor elevación media. Al incorporar edad y sexo, el efecto del broncodilatador alcanzó $F = 4.721$ y $p = 0.023$.

Decisión estadística. Los bloques completos reducen el error residual. La diferencia global requiere comparaciones múltiples ajustadas para identificar los pares.

4.4. Diseño de bloques cuadrados incompletos

El diseño de bloques cuadrados incompletos se utiliza cuando no es posible incluir todos los tratamientos dentro de cada bloque. Cada bloque contiene solo una parte de las condiciones experimentales, pero la distribución se planifica para conservar comparaciones suficientes entre los tratamientos.

Un centro educativo puede evaluar ocho recursos didácticos, pero cada aula solo puede aplicar cuatro durante el periodo disponible. En lugar de exigir que todas las aulas usen los ocho recursos, se diseñan bloques que contienen combinaciones planificadas. Así se reduce la carga operativa sin perder la estructura comparativa necesaria.

La palabra cuadrado alude a una disposición organizada de tratamientos y bloques. El diseño busca equilibrar cuántas veces aparece cada tratamiento y con cuáles otros tratamientos se compara. Ese equilibrio permite estimar diferencias sin favorecer de manera sistemática a una condición por su ubicación dentro de los bloques.

El análisis exige reconocer que los tratamientos no aparecen en todos los bloques. No corresponde aplicar una ANOVA de bloques completos como si cada comparación estuviera disponible en cada conjunto. Se requiere un modelo que incorpore la estructura incompleta y estime los efectos a partir de las comparaciones realmente planificadas.

La planificación debe establecer el número de tratamientos, el tamaño de cada bloque y la frecuencia con que cada condición aparecerá. Una distribución improvisada puede dejar tratamientos con pocas comparaciones o combinaciones imposibles de interpretar. El diseño estadístico precede a la aplicación; no se reconstruye al final del estudio.

Este diseño resulta útil cuando la intervención es costosa, prolongada o difícil de aplicar muchas veces. Su ventaja es hacer viable una comparación amplia con recursos limitados. Su limitación es que demanda planificación y análisis más cuidadosos que un bloque completo, especialmente al interpretar diferencias entre tratamientos.

Ejemplo 22: Diseño de bloques cuadrados incompletos

Situación. Se evaluó la elevación de frecuencia cardiaca de 16 pacientes con asma tratados con cuatro broncodilatadores.

El arreglo distribuyó los tratamientos entre cuatro edades y cuatro ciudades. Cada uno aparece una vez en cada edad y ciudad.

Edad y ciudad son bloques, no tratamientos; se controlan para reducir el error de la comparación.

Pregunta de análisis. ¿Qué broncodilatador eleva menos la frecuencia cardiaca al controlar edad y ciudad?

Tabla 1. Elevación de frecuencia cardiaca según broncodilatador (n = 16)

Broncodilatador	n	Media (lat/min)	EE ajustado
Salbutamol	4	22.0	0.7
Fenoterol	4	18.3	0.7
Terbutalina	4	16.5	0.7
Salmeterol	4	13.8	0.7

Tabla 2. ANOVA con edad y ciudad como bloques

Fuente	SC	gl	CM	F	p
Tratamiento	143.250	3	47.750	26.045	0.001
Edad	268.750	3	89.583	48.864	< 0.001
Ciudad	168.750	3	56.250	30.682	< 0.001
Error	11.000	6	1.833		

Lectura del resultado. Sin bloques, $F = 1.278$ y $p = 0.326$. Con edad y ciudad, el tratamiento alcanzó $F = 26.045$ y $p = 0.001$. Salmeterol tuvo la menor elevación.

Decisión estadística. Controlar ambos bloques distingue el efecto del broncodilatador. Las comparaciones múltiples ajustadas identifican los pares diferentes.

4.5. Diseño factorial completamente al azar

El diseño factorial completamente al azar estudia dos o más factores experimentales al mismo tiempo. Cada factor presenta niveles o condiciones distintas. La combinación de esos niveles forma los tratamientos del experimento, los cuales se asignan aleatoriamente a unidades que no han sido organizadas previamente en bloques.

Una investigación puede evaluar dos modalidades de enseñanza y tres frecuencias de retroalimentación. El diseño factorial genera seis combinaciones: cada modalidad se combina con cada frecuencia. Esta estructura permite conocer el efecto de cada factor y también si una modalidad funciona de manera distinta según la frecuencia aplicada.

El efecto principal de un factor representa su influencia promedio sobre el resultado, considerando los niveles del otro factor. La interacción indica que el efecto de un factor depende del nivel del otro. Ignorar una interacción importante puede conducir a recomendar una estrategia que solo es útil bajo condiciones específicas.

El análisis usual es una ANOVA factorial. El modelo estima el efecto del primer factor, el efecto del segundo y su interacción. Antes de interpretar los efectos principales conviene revisar la interacción. Si esta es relevante, los promedios generales pueden ocultar diferencias que aparecen únicamente en determinadas combinaciones de tratamientos.

Una fábrica puede comparar dos materiales y tres temperaturas para disminuir el número de defectos. Si cada combinación se aplica a unidades independientes asignadas al azar, el diseño permite estudiar ambos factores. Realizar experimentos separados no permite examinar si el material responde de manera diferente a cada temperatura.

La aleatorización protege la comparación frente a diferencias iniciales entre unidades, pero no reemplaza el control de la ejecución. Deben mantenerse condiciones comunes, registrar pérdidas y revisar supuestos del modelo. El informe debe presentar los promedios de cada combinación y no limitarse a declarar que un factor fue significativo.

Ejemplo 23: Diseño factorial completamente al azar

Situación. Se compararon cuatro combinaciones para dolor agudo en 40 pacientes, asignados al azar a una combinación de analgésico y miorrelajante.

Los factores fueron analgésico, diclofenaco o paracetamol, y miorrelajante, clorzoxazona u orfenadrina.

La interacción indica si el efecto de un factor cambia según el nivel del otro. Cuando existe, no se interpretan los promedios generales por separado.

Pregunta de análisis. ¿Qué combinación produce la mayor disminución del dolor?

Tabla 1. Disminución del dolor según combinación (n = 40)

Analgésico	Miorrelajante	n	Media	EE
Diclofenaco	Clorzoxazona	10	6.0	0.422
Diclofenaco	Orfenadrina	10	6.3	0.300
Paracetamol	Clorzoxazona	10	6.3	0.335
Paracetamol	Orfenadrina	10	8.2	0.327

Tabla 2. ANOVA factorial para la disminución del dolor

Fuente	SC	gl	CM	F	p
Analgésico	12.100	1	12.100	9.945	0.003
Relajante	12.100	1	12.100	9.945	0.003
Interacción	6.400	1	6.400	5.260	0.028
Error	43.800	36	1.217		

Lectura del resultado. La interacción fue significativa (F = 5.260; p = 0.028). Con diclofenaco, orfenadrina aumentó 0.3 puntos la media; con paracetamol, 1.9. Esta diferencia confirma que el efecto depende de la combinación.

Decisión estadística. La decisión recae en las cuatro combinaciones. Se requieren comparaciones ajustadas; paracetamol - orfenadrina debe evaluarse por precisión, seguridad y viabilidad antes de recomendarla.

4.6. Diseño factorial en bloques aleatorio

El diseño factorial en bloques aleatorio combina dos estrategias: estudia varios factores a la vez y controla una fuente de variación mediante bloques. Los tratamientos factoriales se asignan al azar dentro de cada bloque. Así se evalúan efectos principales e interacciones sin confundirlos con una característica previamente reconocida.

Un hospital puede comparar dos modalidades de capacitación y tres sistemas de recordatorio para mejorar el registro de historias clínicas. Si los servicios hospitalarios difieren en carga asistencial, cada servicio puede formar un bloque. Dentro de cada uno se distribuyen las combinaciones de capacitación y recordatorio.

El bloqueo controla una fuente externa de variabilidad, mientras los factores representan las condiciones que se desea estudiar. El servicio, el aula o el lote de producción no son tratamientos si no fueron creados para intervenir. Esta distinción evita interpretar como efecto experimental una diferencia inherente entre los bloques.

ANOVA factorial con bloques estima el efecto de cada factor, la interacción entre factores y la variación atribuible a los bloques. El análisis debe respetar la estructura de asignación. Tratar los datos como diseño factorial completamente al azar dejaría sin control una variación que el diseño había previsto reducir.

El diseño es valioso cuando las unidades experimentales son heterogéneas y los investigadores desean examinar más de una intervención. Sin bloqueo, la variación entre contextos puede ocultar efectos pequeños. Sin factorialidad, se perdería la posibilidad de identificar combinaciones que produzcan resultados mejores que cada factor aislado.

La interpretación debe iniciar con las interacciones entre factores y continuar con las comparaciones específicas que correspondan. Una combinación superior en un bloque no basta para sostener una recomendación general si el patrón no se conserva en los demás. La conclusión debe integrar tratamientos, bloques, precisión y condiciones de aplicación.

Ejemplo 24: Diseño factorial en bloques aleatorizados

Situación. Se compararon cuatro combinaciones para el manejo del dolor agudo en 40 pacientes. Antes de la asignación, los participantes se agruparon en dos bloques de edad comparables y, dentro de cada bloque, se distribuyeron al azar entre las combinaciones.

Los factores fueron analgésico, diclofenaco o paracetamol, y miorrelajante, clorzoxazona u orfenadrina. El bloqueo por edad reduce variabilidad; la interacción obliga a comparar combinaciones y no promedios generales.

Pregunta de análisis. ¿Qué combinación logra la mayor disminución del dolor al controlar la variabilidad atribuible a la edad?

Tabla 1. Disminución del dolor por combinación (n = 40)

Analgésico	Miorrelajante	n	Media	IC 95 %
Diclofenaco	Clorzoxazona	10	5.5	4.945–6.055
Diclofenaco	Orfenadrina	10	6.8	6.245–7.355
Paracetamol	Clorzoxazona	10	6.0	5.445–6.555
Paracetamol	Orfenadrina	10	8.5	7.945–9.055

Tabla 2. ANOVA factorial en bloques para la disminución del dolor

Fuente	SC	gl	CM	F	p
Analgésico	12.100	1	12.100	16.164	< 0.001
Relajante	36.100	1	36.100	48.225	< 0.001
Interacción	3.600	1	3.600	4.809	0.035
Bloque: edad	14.400	1	14.400	19.237	< 0.001
Error	26.200	35	0.749		

Lectura del resultado. La interacción fue significativa ($F = 4.809$; $p = 0.035$). Orfenadrina elevó 1.3 puntos la media con diclofenaco y 2.5 con paracetamol. El bloque de edad también explicó variabilidad ($F = 19.237$; $p < 0.001$).

Decisión estadística. La decisión se toma sobre las combinaciones, ajustando por edad. Corresponden comparaciones múltiples ajustadas; paracetamol - orfenadrina presenta la mayor media y debe valorarse por precisión, seguridad y viabilidad.

5. ANÁLISIS ESTADÍSTICO DE NIVEL PREDICTIVO

El análisis predictivo busca anticipar un resultado aún desconocido. Puede estimar el puntaje de un estudiante, la probabilidad de pagar una deuda, el tiempo hasta una falla o las ventas del siguiente mes. Su interés es producir pronósticos útiles para nuevas unidades, no demostrar las causas del resultado.

El procedimiento depende del resultado que se quiere anticipar. La regresión lineal predice valores numéricos; la regresión logística estima la probabilidad de dos categorías. Kaplan–Meier y Cox analizan el tiempo hasta un evento. Las series temporales proyectan valores futuros desde registros ordenados en el tiempo.

Un buen modelo se prueba con datos que no participaron en su construcción. Si solo funciona con los datos iniciales, puede fallar al enfrentar casos nuevos. El informe debe declarar el resultado, los predictores, el modelo, su precisión y la incertidumbre del pronóstico. Predecir con acierto no prueba causalidad.

Anticipar resultados con modelos estadísticos

El análisis estadístico de nivel predictivo anticipa un resultado desconocido con información disponible. Puede estimar un valor, una probabilidad, el tiempo hasta un evento o un valor futuro. La predicción se formula antes de conocer el desenlace y se evalúa por su desempeño en datos nuevos, no por explicar causas.

La regresión lineal predice una variable numérica, como costo, tiempo, ingreso o puntaje. Puede incorporar predictores numéricos y categóricos. Se revisan linealidad, independencia, residuos, homogeneidad de varianzas y valores influyentes. La ecuación se aplica en condiciones semejantes a las observadas.

La regresión logística binaria estima la probabilidad de un desenlace con dos categorías, como aprobar o desaprobar. Sus predictores pueden ser numéricos o categóricos. El modelo informa probabilidades, Odds Ratio e intervalos de confianza. Requiere eventos suficientes y categorías de referencia bien definidas.

Kaplan–Meier describe la permanencia sin un evento a través del tiempo y compara curvas con log-rank. La regresión de Cox incorpora predictores y estima Hazard Ratio. Ambos procedimientos reconocen censuras: unidades sin evento durante el seguimiento que aportan información hasta la última observación disponible.

Las series temporales usan registros ordenados para anticipar valores posteriores. Descomponer una serie separa tendencia, estacionalidad y variación irregular; así distingue un patrón repetido de un cambio inesperado. El análisis prepara pronósticos de ventas, demanda, producción, asistencia o consumo de energía.

Todo modelo predictivo debe validarse con datos distintos de los usados en su construcción. Un modelo puede ajustarse bien a la muestra inicial y fallar ante unidades nuevas. El informe declara desenlace, predictores, modelo, precisión e incertidumbre. Predecir una condición no demuestra que sus predictores la causen.

5.1. Modelo de regresión lineal

El modelo de regresión lineal analiza o predice una variable numérica continua a partir de una o más variables explicativas. Su resultado principal es una ecuación que estima el valor esperado del desenlace. Puede utilizarse para estudiar puntajes, costos, tiempos, ingresos, rendimiento o cualquier medida numérica pertinente.

La regresión lineal simple incorpora un solo predictor. Por ejemplo, una universidad puede estimar el puntaje final de un estudiante a partir de sus horas de estudio semanal. La pendiente indica cuánto cambia, en promedio, el puntaje cuando aumenta una hora de estudio, siempre dentro del rango de valores observados.

La regresión lineal múltiple incorpora varios predictores en un mismo modelo. El puntaje final podría analizarse según horas de estudio, asistencia, experiencia previa y acceso a materiales. Cada coeficiente estima la relación de un predictor con el resultado mientras los demás permanecen constantes en el modelo.

La variable resultado debe ser numérica, pero los predictores pueden ser numéricos o categóricos. Una variable categórica se incorpora mediante indicadores de pertenencia a cada grupo. Así, el modelo puede estimar diferencias de rendimiento entre modalidades de enseñanza, ajustando simultáneamente por la asistencia y el tiempo de estudio.

El análisis exige revisar linealidad, independencia, distribución de residuos, homogeneidad de varianzas y valores influyentes. Un coeficiente significativo no corrige una relación curvilínea ni un dato extremo capaz de modificar la pendiente. Los gráficos de residuos permiten comprobar si la ecuación representa razonablemente los datos.

El informe debe presentar la ecuación, los coeficientes, sus intervalos de confianza y la capacidad explicativa del modelo. Predecir no equivale a demostrar causalidad. Una asociación entre horas de estudio y puntaje puede estar influida por motivación, acompañamiento docente u otras variables que no fueron incorporadas en la investigación.

Ejemplo 25: Modelo de regresión lineal múltiple

Situación. En 500 personas se registró glucosa en ayunas y ocho predictores para construir un modelo de regresión lineal múltiple.

B expresa el cambio medio de glucosa por predictor, mientras los demás permanecen constantes. El modelo predice; no demuestra causalidad.

Pregunta de análisis. ¿Qué predictores permiten estimar la glucosa en ayunas?

Tabla 1. Especificación del modelo de regresión lineal (n = 500)

Fuente	SC	gl	CM	F	p
Regresión	68 977.120	8	8 622.140	34.909	< 0.001
Residuo	121 271.192	491	246.988		

Tabla 2. Coeficientes del modelo para predecir glucosa en ayunas

Predictor	B	Beta	p
Constante	75.552		< 0.001
Edad	0.371	0.284	< 0.001
Sexo	1.148	0.027	0.504
Antecedente familiar	4.305	0.110	0.009
Urbana	-12.400	-0.309	< 0.001
Marginal	-1.390	-0.023	0.544
Nivel nutricional	3.218	0.133	0.002
Triglicéridos	0.072	0.231	< 0.001
Hipertensión arterial	9.742	0.173	< 0.001

Lectura del resultado. El modelo fue significativo ($F = 34.909$; $p < 0.001$) y explicó 36.25 % de la variabilidad ($R^2 = 0.3625$). Edad, antecedente familiar, procedencia urbana, nivel nutricional, triglicéridos e hipertensión aportaron información; sexo y procedencia marginal no la aportaron tras el ajuste.

Decisión estadística. El modelo ofrece una predicción inicial, no un diagnóstico individual. Su RMSE = 15.573 exige revisar residuos, linealidad, valores influyentes y validar el modelo antes de usarlo fuera de la muestra.

5.2. Regresión logística binaria

La regresión logística binaria analiza o predice una variable categórica con dos resultados posibles. El desenlace puede ser aprobar o desaprobar, comprar o no comprar, presentar o no presentar una condición, incumplir o cumplir una norma. El modelo estima la probabilidad de que ocurra una de esas dos categorías.

Una municipalidad puede estudiar qué factores se relacionan con el pago oportuno de impuestos. El resultado se clasifica como pago oportuno o pago no oportuno. Variables como ingreso, modalidad de pago, antigüedad del contribuyente y recordatorios recibidos pueden incorporarse para estimar su asociación con esa probabilidad.

El modelo no predice directamente un promedio, como la regresión lineal. Estima la razón de posibilidades, u Odds Ratio, asociada con cada predictor. Un Odds Ratio superior a 1.00 indica mayores posibilidades relativas del desenlace; uno menor a 1.00 indica menores posibilidades, según la categoría de referencia definida.

Los predictores pueden ser numéricos o categóricos. Por ejemplo, la edad puede ingresar como número de años y la modalidad de pago como variable categórica. Antes de interpretar el modelo, se deben establecer claramente las categorías de referencia, porque estas determinan el sentido con que se leerán los Odds Ratio obtenidos.

La evaluación incluye número suficiente de eventos, independencia de las observaciones, valores influyentes y relación apropiada entre predictores continuos y el logaritmo de las posibilidades. Un modelo con demasiados predictores para pocos eventos puede producir estimaciones inestables y resultados difíciles de reproducir.

La interpretación debe informar probabilidades estimadas, Odds Ratio, intervalos de confianza y capacidad de discriminación del modelo. Un Odds Ratio significativo no prueba que el predictor produzca el desenlace. La conclusión debe reconocer el diseño, los factores ajustados y las variables que podrían no haber sido medidas.

Ejemplo 26: Regresión logística binaria

Situación. Un servicio de salud evaluó a 500 personas durante su atención inicial para estimar la probabilidad de diabetes. Se registraron antecedente familiar, sedentarismo, consumo de alcohol, obesidad, triglicéridos elevados e hipertensión, datos disponibles antes de confirmar el desenlace.

La regresión logística estima un desenlace binario. El Odds Ratio expresa posibilidades, no riesgo relativo ni causalidad.

Pregunta de análisis. ¿Qué combinación de factores permite estimar la probabilidad de diabetes y con qué capacidad el modelo clasifica a las personas?

Tabla 1. Utilidad global del modelo logístico (n = 500)

Indicador	Resultado
Prueba ómnibus	$\chi^2 = 252.264$; gl = 6; $p < 0.001$
R^2 de Cox y Snell	0.3962
R^2 de Nagelkerke	0.5294
Precisión	78.8 %

Tabla 2. Factores asociados con la presencia de diabetes

Predictor	B	Odds Ratio	p
Antecedente familiar	1.560	4.760	< 0.001
Sedentarismo	1.204	3.333	< 0.001
Consumo de alcohol	1.595	4.930	< 0.001
Obesidad	4.147	63.255	< 0.001
Triglicéridos altos	1.401	4.059	< 0.001
Hipertensión	0.944	2.570	0.001

Lectura del resultado. El modelo fue significativo ($\chi^2 = 252.264$; $p < 0.001$) y clasificó correctamente 78.8 % de los casos. Todos los factores aportaron información; obesidad mostró el mayor Odds Ratio: 63.255.

Decisión estadística. El modelo entrega una probabilidad individual, no un diagnóstico. Antes de usarlo fuera de esta muestra, corresponde definir el punto de corte, evaluar calibración y discriminación, y realizar validación externa.

5.3. Supervivencia de Kaplan–Meier

El método de Kaplan–Meier estima la probabilidad de permanecer sin un evento a través del tiempo. El evento puede ser abandono de estudios, falla de una máquina, pérdida de empleo, cierre de una empresa o recaída de una condición. El interés no está solo en saber si ocurrió, sino también cuándo ocurrió.

Una biblioteca puede estudiar el tiempo hasta que los usuarios abandonan una plataforma de lectura digital. Algunos dejan de usarla durante el seguimiento y otros continúan activos cuando termina el estudio. Kaplan–Meier aprovecha la información de ambos grupos, sin excluir a quienes todavía no experimentaron el evento observado.

Las unidades que no presentan el evento antes de terminar el seguimiento se consideran censuradas. La censura no significa que hayan quedado fuera del estudio ni que el evento sea imposible. Indica que se conoce su permanencia hasta cierto momento, pero no el tiempo exacto que transcurriría después de la última observación disponible.

La curva de Kaplan–Meier muestra cómo disminuye la probabilidad de continuar sin el evento a lo largo del tiempo. Cada escalón representa uno o más eventos ocurridos. Una caída temprana sugiere concentración de eventos al inicio; una curva más estable indica mayor permanencia durante el periodo de seguimiento evaluado.

El método permite comparar grupos mediante la prueba de log-rank. Una empresa puede comparar el tiempo hasta la falla de dos materiales de fabricación. La prueba evalúa si las curvas de supervivencia son compatibles entre sí, pero no controla otros factores que podrían explicar diferencias, como temperatura, intensidad de uso o antigüedad.

El informe debe presentar la curva, el número de unidades en riesgo, los eventos, las censuras y la mediana de supervivencia cuando pueda estimarse. Kaplan–Meier describe el tiempo hasta el evento. Si se necesita ajustar por varias características de las unidades, corresponde emplear un modelo de regresión de Cox.

Ejemplo 27: Supervivencia de Kaplan–Meier

Situación. Se siguió a 56 pacientes con cáncer desde el inicio del tratamiento hasta la muerte o el final del seguimiento. Se registraron 25 muertes y 31 censuras: observaciones cuyo tiempo de supervivencia se conoce solo hasta su último contacto.

Kaplan–Meier estima la probabilidad de permanecer con vida en cada momento y conserva la información de las censuras hasta el momento en que ocurren. No reemplaza el seguimiento clínico de cada paciente.

Pregunta de análisis. ¿Cuál es el tiempo de supervivencia estimado y qué incertidumbre conserva la estimación cuando no todos los pacientes presentan el evento?

Tabla 1. Información del seguimiento (n = 56)

Condición	Frecuencia	%
Muertes	25	44.6
Censuras	31	55.4
Total	56	100.0

Tabla 2. Estimaciones de supervivencia por Kaplan–Meier

Medida	Estimación	EE	IC 95 %
Media (meses)	75.987	8.510	59.307–92.667
Mediana (meses)	67.000	16.515	34.632–99.368

Lectura del resultado. La supervivencia media estimada fue 75.987 meses (IC 95 %: 59.307–92.667) y la mediana 67.000 meses (IC 95 %: 34.632–99.368). Las 31 censuras aportaron tiempo de observación sin considerarse muertes.

Decisión estadística. Corresponde informar la curva de supervivencia, la mediana y sus intervalos de confianza. Kaplan–Meier resume el pronóstico del grupo; para comparar curvas entre grupos corresponde la prueba de log-rank y para ajustar predictores, la regresión de Cox.

5.4. Análisis de regresión de Cox

La regresión de Cox analiza la relación entre predictores y el tiempo hasta la ocurrencia de un evento. Combina la lógica de supervivencia con la posibilidad de ajustar varias variables simultáneamente. Resulta útil cuando no basta con comparar curvas y se necesita reconocer factores que modifican la velocidad de aparición del evento.

Una investigación puede estudiar el tiempo hasta el abandono de un programa de capacitación laboral. Las variables explicativas podrían ser modalidad virtual o presencial, edad, horario, experiencia previa y distancia al centro de formación. El modelo estima la asociación de cada una con el riesgo instantáneo de abandonar el programa.

El resultado central es la razón de riesgos, o Hazard Ratio. Un valor superior a 1.00 indica una mayor velocidad relativa de ocurrencia del evento; uno menor a 1.00 indica una menor velocidad relativa. Esta medida debe interpretarse con la categoría de referencia y el periodo de seguimiento claramente establecidos.

La regresión de Cox admite censura, por lo que incorpora información de unidades que no presentan el evento durante el seguimiento. Esta ventaja la diferencia de una regresión logística aplicada solo al desenlace final. La logística identifica si ocurrió el evento; Cox aprovecha además el momento en que ocurrió o dejó de observarse.

El supuesto central es la proporcionalidad de riesgos. Esto significa que la relación relativa entre grupos debe mantenerse razonablemente estable a través del tiempo. Si el efecto de una modalidad de capacitación es fuerte al inicio y desaparece después, el supuesto puede incumplirse y requerir términos dependientes del tiempo u otro modelo.

El informe debe incluir Hazard Ratio, intervalos de confianza, número de eventos, variables de ajuste y verificación de supuestos. Un Hazard Ratio significativo no equivale a causalidad automática. La conclusión depende de la calidad del seguimiento, la medición de predictores y el diseño con que se seleccionaron las unidades.

Ejemplo 28: Análisis de regresión de Cox

Situación. Se siguió a 100 pacientes con cáncer desde el inicio del tratamiento hasta la muerte o el último contacto. El estadiaje se registró al inicio: ocurrieron 41 muertes y 59 observaciones censuradas, cuyo tiempo se conoce solo hasta el final del seguimiento.

La regresión de Cox relaciona el tiempo hasta el evento con una o más covariables y aprovecha las censuras. El Hazard Ratio compara riesgos instantáneos; no equivale a una probabilidad de supervivencia ni demuestra causalidad.

Pregunta de análisis. ¿Cómo cambia el riesgo de muerte según el estadiaje inicial, tomando como referencia a los pacientes en estadío I?

Tabla 1. Ajuste global del modelo de Cox (n = 100)

Indicador	Resultado
Prueba global del modelo	$\chi^2 = 8.847$; gl = 3; $p = 0.031$
Eventos observados	41 muertes; 59 censuras
Categoría de referencia	Estadío I

Tabla 2. Riesgo de muerte según estadiaje inicial

Estadio vs I	B	Hazard Ratio (IC 95 %)	p
Estadio II	0.622	1.863 (0.615–5.645)	0.272
Estadio III	1.362	3.903 (1.295–11.763)	0.016
Estadio IV	1.256	3.510 (0.762–16.169)	0.107

Lectura del resultado. El modelo fue significativo ($\chi^2 = 8.847$; $p = 0.031$). Frente al estadio I, el estadio III presentó un Hazard Ratio de 3.903 (IC 95 %: 1.295–11.763). Las estimaciones de los estadios II y IV fueron imprecisas porque sus intervalos incluyeron 1.000.

Decisión estadística. El estadiaje permite estratificar el pronóstico de supervivencia, pero el modelo no entrega por sí solo una probabilidad individual. Corresponde informar Hazard Ratio e intervalos de confianza, revisar el supuesto de riesgos proporcionales y presentar curvas de Kaplan–Meier para mostrar el recorrido temporal.

5.5. Descomponer una serie temporal

Descomponer una serie temporal consiste en separar los patrones que forman una secuencia de datos ordenados en el tiempo. La serie puede registrar ventas mensuales, visitas diarias, producción semanal, ingresos trimestrales o consumo horario. El orden temporal es esencial, porque cada valor se interpreta en relación con los anteriores.

La tendencia representa el movimiento general de la serie a largo plazo. Una editorial puede observar que sus ventas anuales crecen de manera sostenida durante varios años. Esa tendencia no informa qué ocurre en cada mes, pero muestra la dirección predominante de la serie y ayuda a distinguir crecimiento, disminución o estabilidad.

La estacionalidad corresponde a variaciones que se repiten en periodos regulares. Las matrículas universitarias pueden aumentar al inicio de cada ciclo académico y disminuir durante vacaciones. Reconocer esta repetición evita interpretar un aumento esperado de marzo como si fuera una mejora extraordinaria causada por una decisión administrativa.

El error recoge variaciones no explicadas por tendencia ni estacionalidad. Una interrupción del transporte o una falla informática pueden alterar temporalmente una serie. Estos cambios deben analizarse en su contexto, porque un valor aislado no siempre representa una modificación permanente del comportamiento.

La descomposición puede ser aditiva cuando los cambios estacionales mantienen una magnitud similar, o multiplicativa cuando crecen y disminuyen junto con el nivel de la serie. La elección depende de cómo se comportan las fluctuaciones. Un gráfico temporal permite observar si la amplitud aumenta cuando también aumenta el nivel general.

Descomponer una serie no es todavía pronosticarla, aunque prepara esa tarea. Primero se reconoce qué parte del comportamiento responde a tendencia, estacionalidad o irregularidad; después se decide si existe información suficiente para construir un modelo predictivo.

Ejemplo 29: Descomponer una serie temporal

Situación. Durante 28 períodos consecutivos, un indicador de demanda aumentó, repitió un ciclo de cuatro períodos y mostró variaciones residuales.

La descomposición aditiva expresa Xt = Tt + Et + Rt. Separa tendencia, estacionalidad y residuo, sin eliminar información.

Pregunta de análisis. ¿Qué explica el crecimiento, el ciclo y la variación residual de la serie?

Tabla 1. Descomposición aditiva en períodos seleccionados

Período	Tendencia	Estacional.	Residuo	Serie (X)
1	30.000	50.000	12.860	92.860
2	35.000	70.000	9.503	114.503
3	40.000	30.000	29.172	99.172
4	45.000	0.000	13.848	58.848
25	150.000	50.000	2.107	202.107
26	155.000	70.000	24.792	249.792
27	160.000	30.000	41.091	231.091
28	165.000	0.000	22.398	187.398

Tabla 2. Componentes identificados en la serie

Componente	Patrón observado	Lectura
Tendencia	30.000 a 165.000	+5.000 por período
Estacionalidad	50; 70; 30; 0	Ciclo de 4 períodos
Residuo	-21.079 a 55.444	Variación no regular

Lectura del resultado. La tendencia aumentó 5.000 unidades por período. La estacionalidad repitió el ciclo 50, 70, 30 y 0; por ello, el período 26 alcanzó 249.792: reunió tendencia alta, estacionalidad de 70.000 y residuo positivo.

Decisión estadística. Antes de pronosticar, corresponde separar tendencia y estacionalidad. Un promedio simple las mezclaría; un residuo con pauta persistente indica que la descomposición es insuficiente.

5.6. Pronosticar una serie temporal

Pronosticar una serie temporal consiste en estimar valores futuros a partir del comportamiento anterior de una variable registrada en secuencia. Puede aplicarse a ventas, demanda de servicios, accidentes, producción, asistencia o consumo energético. El pronóstico utiliza el tiempo como fuente de información y no solo como un dato adicional.

Una empresa puede registrar durante cuatro años el número semanal de pedidos recibidos. Con esa serie busca anticipar la demanda de las próximas ocho semanas para organizar inventario y personal. El objetivo no es explicar todos los factores que producen los pedidos, sino obtener una estimación útil para una decisión próxima.

Antes de pronosticar se revisan tendencia, estacionalidad, valores atípicos y cambios bruscos. Una serie con crecimiento sostenido no debe tratarse como estable. Si existen picos cada fin de mes, el modelo debe reconocer esa periodicidad. Un pronóstico que ignora patrones visibles suele producir estimaciones poco realistas.

Los modelos ARIMA utilizan la relación entre los valores actuales y los valores previos de la serie. Pueden incorporar autorregresión, promedios móviles y diferenciación para alcanzar estabilidad. La identificación del modelo exige observar autocorrelaciones, comprobar estacionariedad y evaluar si los residuos conservan patrones no explicados.

Un buen pronóstico no se valora solo por su apariencia. Debe contrastarse con observaciones que no participaron en la construcción del modelo. Separar un periodo final para validación permite comparar valores pronosticados y observados. Medidas como el error absoluto medio ayudan a reconocer si el modelo posee precisión suficiente.

El informe debe presentar el horizonte de pronóstico, los valores estimados y sus intervalos de predicción. Estos intervalos aumentan al proyectar periodos más lejanos, porque la incertidumbre se acumula. Un pronóstico orienta decisiones, pero no elimina cambios inesperados en el contexto ni garantiza que el futuro repita el pasado.

Ejemplo 30: Pronosticar una serie temporal

Situación. Una empresa registró 28 trimestres de clientes entre 2010 y 2016. Antes de asignar recursos para 2027, necesita proyectar la demanda.

Si la serie contiene tendencia y estacionalidad, el modelo debe incorporar ambas y cuantificar su error.

Pregunta de análisis. ¿Qué modelo pronostica con menor error los clientes trimestrales de 2027?

Tabla 1. Comparación de modelos de suavizado exponencial

Modelo	Componentes	Parámetros	RMSE
Simple	Nivel	a=.306	40.703
Holt lineal	Nivel + tendencia	a=.079; g=4.34E-7	35.031
Estacional simple	Nivel + estacional.	a=.496; d=.080	23.576
Winters aditivo	Nivel + tendencia + estacional.	a=.099; g=5.69E-6; d=.001	16.988

Tabla 2. Información para emitir el pronóstico

Elemento	Resultado	Uso
Último ciclo	202 | 250 | 231 | 187	Q1 a Q4 de 2016
Modelo	Winters aditivo	Nivel, tendencia y ciclo
Expresión	L + mT + E	Pronóstico a m pasos
Error	RMSE = 16.988	Incertidumbre

Lectura del resultado. Winters aditivo obtuvo el menor RMSE: 16.988 clientes. La proyección debe conservar el crecimiento y la oscilación trimestral; el segundo trimestre concentra los valores mayores de la serie. El RMSE resume el error usual del modelo en la misma escala de clientes.

Decisión estadística. Corresponde usar Winters aditivo para los pronósticos trimestrales de 2027 e informar su error. El pronóstico debe actualizarse con cada trimestre observado y revisarse si cambian las condiciones de la serie.

6. ANÁLISIS ESTADÍSTICO DE NIVEL APLICATIVO

El análisis aplicativo usa la estadística para vigilar y mejorar un proceso real. Puede aplicarse a una fábrica, una biblioteca, una oficina pública o una universidad. No busca únicamente saber si hubo un cambio, sino verificar si el proceso funciona de manera estable, cumple requisitos y sostiene una mejora.

Antes de controlar un proceso se revisa la calidad de la medición. Los estudios de repetibilidad y reproducibilidad verifican si el instrumento y los evaluadores producen resultados consistentes. Después se usan gráficos de control para distinguir la variación habitual de señales que indican una causa especial.

El análisis de capacidad compara el proceso con los requisitos que debe cumplir. El muestreo de aceptación decide si un lote se acepta o rechaza sin revisar todas sus unidades. Estas decisiones requieren medidas confiables, criterios definidos antes de inspeccionar y una lectura continua del proceso en el tiempo.

Controlar y mejorar procesos con estadística

El análisis estadístico de nivel aplicativo interviene sobre procesos reales y vigila su funcionamiento. Busca sostener mejoras, controlar variaciones y decidir si el resultado cumple requisitos definidos. Trabaja con datos producidos continuamente y orienta decisiones operativas, no solo conclusiones de una investigación puntual.

Los estudios de repetibilidad y reproducibilidad evalúan la calidad del sistema de medición. La repetibilidad revisa si una persona obtiene resultados semejantes al medir varias veces; la reproducibilidad compara personas. Componentes de varianza o ANOVA estiman qué parte de la variación proviene del sistema de medición.

Cuando la respuesta es categórica, la repetibilidad y reproducibilidad se estudian mediante acuerdos entre evaluadores. El porcentaje de acuerdo ofrece una lectura inicial y kappa corrige parte del acuerdo atribuible al azar. Un sistema de clasificación inconsistente no debe utilizarse para controlar procesos ni aceptar servicios.

Los gráficos de control vigilan procesos a través del tiempo. Para mediciones numéricas se usan gráficos de individuos, promedios y rangos; para atributos, gráficos p, np, c o u. Un punto fuera de control o una secuencia inusual indica una causa especial que exige revisar la operación.

El análisis de capacidad compara un proceso estable con límites de especificación. En variables numéricas, Cp y Cpk evalúan dispersión y centrado; en atributos se analizan proporciones no conformes o defectos por unidad. Un proceso estable puede no cumplir especificaciones, por lo que ambos análisis se complementan.

El muestreo de aceptación decide aceptar o rechazar un lote mediante una muestra. Puede basarse en mediciones o atributos, según la característica evaluada. El plan debe definir antes el tamaño muestral, los límites y la regla de decisión. La estadística aplicada transforma datos en acciones verificables.

6.1. Evaluar la repetibilidad y reproducibilidad de mediciones

Evaluar la repetibilidad y reproducibilidad determina cuánto de la variación observada proviene del sistema de medición y no del proceso estudiado. El análisis responde una pregunta previa a cualquier control: ¿el instrumento y las personas que lo usan producen mediciones suficientemente consistentes?

La repetibilidad expresa la variación obtenida cuando una misma persona mide varias veces el mismo objeto con el mismo instrumento. La reproducibilidad expresa la variación entre personas. Ambas dimensiones deben examinarse, porque un equipo preciso no compensa criterios distintos entre quienes registran la información.

Una fábrica puede medir el diámetro de una pieza con un calibrador digital. Si tres inspectores evalúan diez piezas en tres oportunidades, el estudio permite separar la variación entre piezas, entre inspectores y entre mediciones repetidas. El diseño debe planificarse antes de recoger los registros.

El análisis puede realizarse mediante componentes de varianza, habitualmente con ANOVA. Se estima qué proporción de la variación total corresponde al sistema de medición. Un sistema que explica una parte elevada de la variación dificulta reconocer diferencias reales entre productos, procesos o tratamientos.

La selección de piezas es decisiva. Deben incluirse unidades que representen el rango real de variación del proceso. Si todas las piezas son casi idénticas, el estudio puede ocultar limitaciones importantes del instrumento. Si se eligen piezas extremas sin justificación, el resultado tampoco representará la operación habitual.

Una medición poco repetible o poco reproducible no debe utilizarse para evaluar capacidad ni para tomar decisiones de aceptación. Primero corresponde mejorar el instrumento, capacitar evaluadores o precisar el protocolo. La calidad del análisis estadístico depende de la calidad con que se obtuvo el dato inicial.

Ejemplo 31: Evaluar la repetibilidad y reproducibilidad de mediciones

Situación. Tres evaluadores midieron tres veces la hemoglobina de 10 pacientes. El servicio necesita determinar si las diferencias observadas proceden de los pacientes o del sistema de medición.

La repetibilidad cuantifica la variación cuando un mismo evaluador repite la medición; la reproducibilidad compara los resultados entre evaluadores. Ambas forman parte del estudio R&R del sistema.

Pregunta de análisis. ¿El sistema de medición de hemoglobina distingue con precisión las diferencias entre pacientes?

Tabla 1. ANOVA del estudio R&R de hemoglobina

Fuente	GL	F (p)	Lectura
Pacientes	9	6.07479 (< 0.001)	Diferencias reales
Evaluadores	2	2.19208 (0.119)	Sin diferencia sistemática
Repetibilidad	78		Variación residual

Tabla 2. Componentes de variación del sistema de medición

Fuente	CompVar	% contribución	% var. estudio
R&R total	0.93594	64.84	76.17
Repetibilidad	0.90017	62.36	74.09
Reproducibilidad	0.03577	2.48	17.69
Parte a parte	0.50758	35.16	64.79

Lectura del resultado. El R&R total explica 76.17 % de la variación del estudio; predomina la repetibilidad, con 74.09 %. Los evaluadores no difieren de forma estadísticamente apreciable ($p = 0.119$). El problema no es quién mide, sino la constancia con que se repite la medición.

Decisión estadística. El sistema no debe emplearse para discriminar pequeñas diferencias de hemoglobina. Corresponde revisar el equipo, el método y las condiciones de toma; luego debe repetirse el estudio R&R antes de usar estas mediciones para controlar la calidad.

6.2. Evaluar la repetibilidad y reproducibilidad de atributos

Evaluar la repetibilidad y reproducibilidad de atributos examina la consistencia de clasificaciones categóricas. El resultado puede ser conforme o no conforme, aprobado o desaprobado, presente o ausente. La pregunta es si una misma persona y personas distintas llegan a la misma clasificación frente a una unidad determinada.

La repetibilidad por atributos se evalúa cuando un inspector clasifica dos o más veces la misma unidad sin conocer su respuesta anterior. La reproducibilidad se evalúa al comparar clasificaciones entre inspectores. Un porcentaje elevado de acuerdos aparentes no siempre garantiza que el sistema identifique correctamente la condición de interés.

Una editorial puede solicitar a tres revisores que clasifiquen páginas como libres de error o con error. Cada página se presenta más de una vez y en orden distinto. El estudio permite conocer si un revisor conserva su criterio y si los revisores coinciden al evaluar el mismo material.

El porcentaje de acuerdo ofrece una descripción inicial, pero debe complementarse con coeficientes como kappa. Este coeficiente considera parte del acuerdo esperado por azar. Su interpretación requiere cautela cuando una categoría es muy frecuente, porque la prevalencia desigual puede producir valores bajos aun con alta coincidencia porcentual.

Cuando existe un patrón de referencia, también conviene comparar las clasificaciones con ese criterio externo. Un evaluador puede coincidir con otros evaluadores y, sin embargo, equivocarse sistemáticamente. El acuerdo entre personas no sustituye la validez de la clasificación ni la definición clara de las categorías analizadas.

El resultado debe indicar el número de unidades, evaluadores, repeticiones y medida de concordancia empleada. Si la reproducibilidad es insuficiente, corresponde revisar definiciones y entrenamiento. Un gráfico de control por atributos es poco útil cuando la condición registrada depende excesivamente del evaluador.

Ejemplo 32: Evaluar la repetibilidad y reproducibilidad de atributos

Situación. Tres evaluadores clasificaron ocho productos como conformes o no conformes en dos ocasiones. La empresa necesita saber si cada evaluador conserva su criterio y si los tres llegan a la misma clasificación.

En atributos no se mide una cantidad; se decide una categoría. La repetibilidad es el acuerdo de cada evaluador consigo mismo y la reproducibilidad es el acuerdo entre evaluadores para el mismo producto.

Pregunta de análisis. ¿La clasificación de conformidad es estable dentro de cada evaluador y comparable entre los evaluadores?

Tabla 1. Repetibilidad: acuerdo intraevaluador

Evaluador	n	Coincidencias	Acuerdo	Kappa
1	8	8	100.00 %	1.00000
2	8	7	87.50 %	0.87451
3	8	6	75.00 %	0.75000

Tabla 2. Reproducibilidad: acuerdo entre evaluadores

n	Coincidencias	Acuerdo	IC 95 %	Kappa
8	5	62.50 %	24.49-91.48 %	0.87495

Lectura del resultado. El evaluador 1 mantiene el mismo criterio en todas las inspecciones; el evaluador 3 coincide en 75.00 %. Entre los tres, solo cinco de ocho productos reciben la misma clasificación. Kappa es alto, pero el acuerdo completo de 62.50 % revela discrepancias operativas.

Decisión estadística. La clasificación no debe emplearse aún como base única para aceptar o rechazar productos. Corresponde definir ejemplos de cada categoría, entrenar a los evaluadores y repetir el estudio; el acuerdo global debe mejorar antes de usar el sistema para controlar el proceso.

6.3. Monitorear procesos mediante mediciones

Monitorear procesos mediante mediciones permite reconocer si una variable numérica se mantiene estable a través del tiempo. El resultado puede ser diámetro, peso, duración, temperatura, costo o puntaje. El propósito no es comparar tratamientos, sino distinguir la variación habitual de cambios que requieren una investigación operativa.

Los gráficos de control conservan el orden temporal de los datos. Cada punto representa una medición o el promedio de un subgrupo obtenido en un momento definido. La línea central resume el comportamiento esperado del proceso y los límites de control señalan el rango compatible con su variación habitual.

Cuando se obtienen varios registros por periodo, pueden utilizarse gráficos de promedios y rangos. El gráfico de promedios vigila el centro del proceso; el gráfico de rangos vigila la variabilidad dentro de cada subgrupo. Ambos deben interpretarse juntos, porque una media estable no garantiza dispersión estable.

Cuando solo se dispone de una medición por momento, el gráfico de individuos y rango móvil resulta más apropiado. Una central de atención puede registrar diariamente el tiempo promedio de espera. Si cada día aporta una sola medida resumen, no corresponde formar artificialmente subgrupos para aplicar otro gráfico de control.

Un punto fuera de los límites, una secuencia prolongada ascendente o una acumulación inusual a un lado de la línea central sugieren una causa especial. La señal no identifica por sí sola el problema. Indica que debe revisarse el proceso, el turno, el equipo, el suministro o la forma de medición.

Los límites de control no son límites de especificación. Los primeros describen estabilidad estadística; los segundos expresan requisitos externos de calidad. Un proceso puede estar estable y producir resultados fuera de especificación. Por ello, después de monitorear la estabilidad corresponde evaluar la capacidad del proceso.

Ejemplo 33: Monitorear procesos mediante mediciones

Situación. Un proceso registró 51 subgrupos de cinco mediciones. El responsable debe vigilar si cambia el promedio del proceso o si aumenta la variabilidad antes de que el resultado afecte la calidad del producto.

La gráfica Xbarra vigila el centro del proceso. La gráfica R o S vigila su dispersión. Con subgrupos de cinco mediciones, Xbarra-R ofrece una lectura directa de ambos componentes.

Pregunta de análisis. ¿El proceso se mantiene bajo control estadístico en su promedio y en su variabilidad?

Tabla 1. Límites de control obtenidos

Gráfica	Línea central	LCS	LCI
Xbarra-S	1.0734	1.3375	0.8093
S	0.1850	0.3865	0
Xbarra-R	1.0734	1.3362	0.8107
R	0.456	0.963	0

Tabla 2. Señales que requieren investigación

Gráfica	Muestra	Señal	Acción inmediata
Xbarra	45	Media sobre el LCS	Investigar el nivel
R	17	Rango sobre el LCS	Investigar dispersión

Lectura del resultado. La media de la muestra 45 supera el límite superior en las gráficas de promedio. Además, el rango de la muestra 17 supera el límite superior de R. No basta informar los límites: ambas señales indican causas especiales que deben rastrearse en el proceso.

Decisión estadística. Corresponde usar la gráfica Xbarra-R para el monitoreo rutinario de subgrupos de cinco unidades. Deben investigarse las muestras 17 y 45, sin ajustar los límites ni recalcularlos hasta identificar la causa. Solo un proceso estable permite evaluar después su capacidad.

6.4. Monitorear procesos mediante atributos

Monitorear procesos mediante atributos permite seguir resultados categóricos o conteos a través del tiempo. Puede registrarse la proporción de expedientes incompletos, el número de productos defectuosos, los reclamos por semana o los errores por documento. La elección del gráfico depende de qué se cuenta y de la oportunidad de ocurrencia.

El gráfico p controla la proporción de unidades no conformes cuando el tamaño de muestra puede variar. El gráfico np controla el número de unidades no conformes cuando ese tamaño es constante. Ambos corresponden a resultados binarios: cada unidad se clasifica como conforme o no conforme según una regla previamente establecida.

El gráfico c controla el número de defectos cuando la oportunidad de observarlos permanece constante. El gráfico u controla defectos por unidad cuando la oportunidad cambia. Un documento puede contener varios errores, mientras que una solicitud puede clasificarse solo como completa o incompleta.

Una oficina pública puede monitorear la proporción semanal de trámites devueltos por falta de requisitos. Si el número de trámites evaluados cambia cada semana, el gráfico p permite considerar ese denominador. Comparar solo el número absoluto de devoluciones podría sugerir un problema cuando, en realidad, aumentó el volumen atendido.

Una señal de causa especial exige revisar el contexto antes de modificar el proceso. Un aumento de no conformidades puede coincidir con la incorporación de nuevo personal, cambios en un formulario o una falla de sistema. El gráfico orienta la búsqueda de explicación, pero no sustituye la revisión concreta de la operación.

El informe debe declarar la unidad evaluada, la definición del atributo, el periodo y el denominador utilizado. Sin estas precisiones, una proporción carece de interpretación operativa. Monitorear atributos no demuestra que una acción produjo una mejora; primero identifica si el proceso cambió de una forma no compatible con su patrón habitual.

Ejemplo 34: Monitorear procesos mediante atributos

Situación. Durante 25 muestras se registraron unidades defectuosas y defectos. El responsable necesita vigilar si cambia la frecuencia del evento, sin confundir una unidad defectuosa con el número de defectos que puede contener.

Las gráficas p y np monitorizan unidades defectuosas; c y u monitorizan defectos. La elección depende de si se cuentan unidades o eventos y de si el tamaño inspeccionado permanece constante.

Pregunta de análisis. ¿Qué gráfica corresponde para vigilar la frecuencia de defectos y unidades defectuosas?

Tabla 1. Límites de control

Gráfica	Línea central	LCS	LCI
p	0.0854	0.1705	0.0002
np	8.28	16.54	0.02
c	8.28	16.91	0
u	0.0854	0.1744	0

Tabla 2. Regla para seleccionar la gráfica

Lo que se cuenta	Tamaño de muestra	Gráfica
Unidades defectuosas	Variable	p
Unidades defectuosas	Constante	np
Defectos	Constante	c
Defectos por unidad	Variable	u

Lectura del resultado. La proporción media de unidades defectuosas es 0.0854; equivale a 8.54 %. Cuando cada muestra tiene el mismo tamaño, p y np expresan la misma señal en escalas distintas. Del mismo modo, c y u separan el conteo bruto de defectos de su tasa por unidad.

Decisión estadística. Corresponde usar p o u cuando el tamaño de las muestras cambia; np o c cuando permanece constante. Cada punto que exceda el límite de control exige investigar una causa especial. La gráfica seleccionada debe conservar la unidad de conteo definida por el proceso.

6.5. Analizar la capacidad de procesos con variables numéricas

Analizar la capacidad de un proceso con variables numéricas determina si su variación permite cumplir especificaciones previamente definidas. El resultado puede ser longitud, peso, concentración, tiempo o costo. La pregunta no es si el proceso cambió, sino si produce resultados dentro de los límites que exige el producto, servicio o norma.

Antes de calcular capacidad, debe verificarse que el proceso sea estable y que el sistema de medición sea confiable. Un proceso con causas especiales no posee un comportamiento predecible; por ello, sus índices pueden ofrecer una imagen engañosa. La capacidad se interpreta sobre procesos controlados, no sobre datos acumulados sin revisión previa.

Los índices Cp y Cpk comparan la dispersión y el centrado del proceso con los límites de especificación. Cp expresa la capacidad potencial cuando el proceso estuviera centrado; Cpk considera además qué tan cerca se encuentra el promedio de uno de los límites. Ambos requieren declarar claramente las especificaciones aplicables.

Una planta puede exigir que una pieza tenga un diámetro entre 19.80 y 20.20 milímetros. Si el promedio se aproxima al límite superior, el proceso puede producir muchas piezas aceptables hoy, pero tener poca capacidad ante una variación pequeña. El análisis diferencia entre reducir dispersión y corregir el centrado.

La distribución de los datos debe revisarse antes de usar índices basados en normalidad. Si el proceso es asimétrico o tiene límites naturales distintos, puede requerirse transformación o un método para distribuciones no normales. Aplicar Cp y Cpk de manera automática no convierte una distribución inadecuada en una distribución normal.

El informe debe incluir límites de especificación, promedio, dispersión, índices de capacidad y proporción esperada fuera de especificación. La capacidad no sustituye el monitoreo: un proceso puede ser capaz y luego desestabilizarse. Ambos análisis se complementan para sostener decisiones de mejora y mantenimiento de la calidad.

Ejemplo 35: Analizar la capacidad de procesos con variables numéricas

Situación. Una institución evaluó la duración de 30 clases virtuales. El estándar admite entre 19 y 21 minutos, con 20 minutos como objetivo. Antes de intervenir, necesita determinar si el proceso satisface de manera consistente esa especificación. La capacidad compara la variación natural de un proceso estable con sus límites de especificación.

Pregunta de análisis. ¿La duración de las clases tiene capacidad suficiente para cumplir el intervalo de 19 a 21 minutos?

Tabla 1. Resumen de capacidad para la duración (min)

Elemento	Resultado	Lectura
n	30	Clases evaluadas
LEI | objetivo | LES	19 | 20 | 21	Especificación
Media	19.8607	Cercana al objetivo
DE dentro	0.283382	Variación corta
Cp | Cpk	1.18 | 1.01	Capacidad potencial y real
CPL | CPU	1.01 | 1.34	Menor margen inferior

Tabla 2. Capacidad general y rendimiento

Indicador	Resultado	Interpretación
Pp | Ppk	1.22 | 1.05	Desempeño general
Cpm	1.08	Cercanía al objetivo
PPM esperado total	820.82	Largo plazo

Lectura del resultado. La media de 19.8607 minutos se ubica dentro de la especificación, pero está más cerca del límite inferior. Cpk = 1.01 revela una capacidad apenas suficiente y CPL = 1.01 identifica el lado que limita al proceso. Cp supera a Cpk porque el proceso no está centrado en 20 minutos.

Decisión estadística. Corresponde mejorar el centrado del proceso hacia 20 minutos y reducir su variación antes de considerar la capacidad como robusta. El análisis debe repetirse solo si el proceso permanece estable y la distribución de la variable es compatible con el modelo normal.

6.6. Analizar la capacidad de procesos con variables categóricas

Analizar la capacidad de procesos con variables categóricas evalúa si la frecuencia de no conformes cumple un requisito operativo. La unidad puede clasificarse como aceptable o no aceptable, o puede acumular varios defectos. El procedimiento se basa en proporciones, tasas o conteos, no en promedios y desviaciones estándar.

Cuando cada unidad solo puede ser conforme o no conforme, el comportamiento suele modelarse mediante una distribución binomial. Por ejemplo, una empresa puede registrar la proporción de facturas emitidas con error. La capacidad se expresa mediante la tasa de no conformidad y su comparación con el nivel máximo tolerado por la organización.

Cuando una unidad puede contener varios defectos, la distribución de Poisson ofrece una referencia útil. Un informe puede presentar cero, uno o varios errores de digitación. En este caso, interesa la cantidad de defectos por informe o por oportunidad, no solo el número de informes que presentan al menos un error.

Una institución puede fijar como requisito no superar 2.00 % de expedientes con documentación incompleta. El análisis estima la proporción observada y su intervalo de confianza, considerando el número de expedientes revisados. Una tasa inferior al límite en una muestra pequeña puede seguir siendo compatible con una frecuencia real mayor.

Los índices Cp y Cpk no corresponden directamente a datos categóricos. La capacidad por atributos debe comunicarse mediante proporción no conforme, defectos por unidad, defectos por millón de oportunidades o una medida equivalente definida por el proceso evaluado.

La conclusión debe distinguir entre cumplimiento actual y capacidad sostenida. Una tasa baja obtenida en un periodo corto no garantiza que el proceso mantenga ese desempeño. El monitoreo mediante gráficos p, np, c o u permite verificar estabilidad; el análisis de capacidad compara ese comportamiento con el requisito de calidad establecido.

Ejemplo 36: Analizar la capacidad de procesos con variables categóricas

Situación. Un servicio registró, en muestras de tamaño desigual, la proporción de cesáreas consideradas defectuosas según un criterio de calidad. Debe estimar la capacidad del proceso cuando el resultado solo admite las categorías conforme y no conforme.

En una variable categórica no corresponde Cp ni Cpk. La capacidad se expresa mediante la tasa de defectuosos, sus intervalos, PPM y el nivel Z. La gráfica p permite vigilar proporciones cuando las muestras tienen tamaños distintos.

Pregunta de análisis. ¿La frecuencia de cesáreas defectuosas revela una capacidad compatible con el objetivo de calidad?

Tabla 1. Capacidad binomial

Indicador	Resultado	Lectura
Proporción defectuosa	12.53 %	Tasa acumulada
IC 95 %	11.61-13.48 %	Precisión
PPM	125 255	Defectuosos por millón
Z del proceso	1.1491	Nivel de capacidad
Gráfica p	0.1253	Línea central
LCS | LCI	0.1975 | 0.0530	Tamaños desiguales

Tabla 2. Escenarios de referencia

Proporción histórica	PPM	Z
15.00 %	150 000	1.0364
10.00 %	100 000	1.2816

Lectura del resultado. La tasa observada es 12.53 %, equivalente a 125 255 defectuosos por millón. Se ubica entre los escenarios históricos de 10.00 % y 15.00 %. El proceso no puede describirse como capaz solo por tener una gráfica p; la capacidad exige compararlo con una meta explícita de defectuosos.

Decisión estadística. Corresponde usar la gráfica p porque los tamaños muestrales son desiguales y reportar el porcentaje defectuoso, su intervalo y PPM. Si la meta institucional fuera 10.00 %, el desempeño actual no la cumple. Deben identificarse causas de no conformidad y volver a estimar la capacidad tras la mejora.

6.7. Decidir la aceptación de lotes mediante mediciones

Decidir la aceptación de lotes mediante mediciones utiliza una muestra de unidades para evaluar una característica numérica. Se aplica cuando inspeccionar toda la producción es costoso, lento o destructivo. El procedimiento permite aceptar o rechazar un lote según mediciones como peso, resistencia, duración o concentración.

El plan de muestreo debe definir antes de la inspección el tamaño de muestra, los límites de especificación y la regla de decisión. No corresponde revisar una muestra y después establecer qué resultado se considerará aceptable. La decisión debe surgir de criterios conocidos por quien entrega y quien recibe el lote.

Una empresa puede recibir un lote de cables y medir la resistencia eléctrica de una muestra. Si las mediciones cumplen la regla predefinida, el lote se acepta; si no la cumple, se rechaza o se somete a inspección adicional. La muestra no describe todos los cables, pero aporta evidencia para una decisión operativa.

Los planes por mediciones aprovechan la magnitud numérica de cada observación. Por ello, pueden requerir menos unidades que un plan por atributos para alcanzar una decisión comparable. Su aplicación exige un sistema de medición adecuado y una distribución razonablemente compatible con el modelo asumido por el plan seleccionado.

La aceptación de un lote no certifica que todas sus unidades sean conformes. Existe riesgo para quien produce un lote aceptable que resulta rechazado y para quien recibe un lote deficiente que resulta aceptado. Estos riesgos deben establecerse al diseñar el plan, junto con el nivel de calidad aceptable y el nivel rechazable.

El informe debe indicar el lote, la característica medida, la muestra, el criterio y la decisión adoptada. El muestreo de aceptación no mejora el proceso ni reemplaza los gráficos de control. Su función es decidir sobre un lote recibido; el control estadístico busca prevenir que el proceso genere lotes deficientes.

Ejemplo 37: Decidir la aceptación de lotes mediante mediciones

Situación. Un laboratorio recibió un lote de 10 000 unidades y midió glucosa en una muestra. La especificación admitida es de 70 a 110. Debe decidir si acepta el lote sin inspeccionar todas las unidades. El muestreo por mediciones usa la media y la desviación estándar para decidir sobre la conformidad del lote. Es distinto al muestreo por atributos, porque conserva la información numérica de cada unidad medida.

Pregunta de análisis. ¿El lote de glucosa cumple el plan de aceptación por mediciones?

Tabla 1. Plan de muestreo

Elemento	Valor
Tamaño del lote	10 000
Muestra	133
LEI | LES	70 | 110
AQL | RQL	5 % | 10 %
Riesgo α | β	0.05 | 0.10
k | DEM	1.44065 | 11.2269

Tabla 2. Resultados de la muestra

Indicador	Resultado	Criterio
Media	89.8421	Dentro de especificación
DE	4.79874	≤ 11.2269
Z.LEI	4.13486	≥ 1.44065
Z.LES	4.20066	≥ 1.44065

Lectura del resultado. La desviación estándar de la muestra es menor que la máxima permitida. Las distancias estandarizadas de la media a ambos límites superan k. La media se ubica lejos de 70 y 110, por lo que la variación observada no aproxima el lote a los límites de rechazo.

Decisión estadística. Corresponde aceptar el lote. La regla del plan exige DE ≤ DEM, Z.LEI ≥ k y Z.LES ≥ k; las tres condiciones se cumplen. Esta decisión se limita al lote y al plan definido con AQL, RQL y riesgos declarados; no certifica la capacidad permanente del proceso proveedor.

6.8. Decidir la 1aceptación de lotes mediante atributos

Decidir la aceptación de lotes mediante atributos consiste en inspeccionar una muestra y contar unidades no conformes o defectos. Se emplea cuando el resultado se clasifica en categorías o cuando medir una variable numérica sería innecesario. El plan establece cuántas unidades revisar y cuántas no conformidades admitir.

Un plan simple puede indicar que se inspeccionen 80 unidades y se acepte el lote si aparecen como máximo dos no conformes. Si se encuentran tres o más, el lote se rechaza o se revisa por completo. La regla debe definirse antes de abrir el lote y aplicarse de igual modo en todas las inspecciones.

Una imprenta puede evaluar un lote de cuadernos y clasificar cada ejemplar como conforme o no conforme según encuadernación, impresión y numeración. Si una misma unidad presenta varios defectos, el plan debe aclarar si se cuenta como una unidad no conforme o si cada defecto se registra por separado.

Los planes para unidades no conformes suelen basarse en una distribución binomial. Los planes que cuentan defectos pueden usar una distribución de Poisson. Esta distinción es esencial: confundir el número de productos defectuosos con el número de defectos altera el denominador, la regla de aceptación y la interpretación del resultado.

El nivel de calidad aceptable, el nivel de calidad límite y la curva característica de operación permiten reconocer los riesgos del plan. Un plan estricto reduce la posibilidad de aceptar lotes deficientes, pero aumenta rechazos de lotes aceptables. La decisión estadística debe equilibrar protección, costo, tiempo e impacto operativo.

El informe debe precisar el tamaño del lote, el tamaño de muestra, la cantidad de no conformidades o defectos y la decisión tomada. Aceptar un lote no demuestra que esté libre de errores. Solo indica que cumplió la regla acordada con la evidencia aportada por la muestra inspeccionada.

Ejemplo 38: Decidir la aceptación de lotes mediante atributos

Situación. Un lote de 1 000 unidades se evaluará como pasa o no pasa. El responsable debe decidir su aceptación sin inspeccionar todas las unidades y con riesgos explícitos para productor y consumidor.

El muestreo por atributos cuenta unidades defectuosas. La decisión no utiliza la magnitud del defecto; compara el conteo observado con el número de aceptación del plan binomial.

Pregunta de análisis. ¿Debe aceptarse el lote según el plan de muestreo por atributos?

Tabla 1. Plan de aceptación

Elemento	Valor
Tamaño del lote	1 000
Muestra (n)	233
Número de aceptación (c)	17
AQL | RQL	5 % | 10 %
Riesgo α | β	0.05 | 0.10
Regla	Aceptar si d ≤ 17

Tabla 2. Comportamiento del plan

Defectuosos	p (aceptar)	AOQ	ATI
5 %	0.954	3.658 %	268.3
10 %	0.099	0.758 %	924.2

Lectura del resultado. El plan protege al productor cuando el lote contiene 5 % de defectuosos, pues acepta con probabilidad 0.954. Frente a 10 %, la probabilidad de aceptación cae a 0.099. La curva OC expresa esa discriminación y AOQL limita la calidad saliente promedio a 3.855 %.

Decisión estadística. Corresponde inspeccionar 233 unidades y contar las no conformes. Si se observan 17 o menos, se acepta el lote; con 18 o más, se rechaza. La decisión es compatible con una variable pasa/no pasa y con los riesgos definidos; no sustituye el control continuo del proceso proveedor.

REFERENCIAS

1. Parab S, Bhalerao S. Choosing statistical test. Int J Ayurveda Res. 2010;1(3):187. doi:10.4103/0974-7788.72494
2. Du Prel JB, Röhrig B, Hommel G, Blettner M. Choosing Statistical Tests. Deutsches Ärzteblatt international. 2010 May 14. doi:10.3238/arztebl.2010.0343
3. Nayak B, Hazra A. How to choose the right statistical test? Indian J Ophthalmol. 2011;59(2):85. doi:10.4103/0301-4738.77005
4. Marusteri M, Bacarea V. Comparing groups for statistical differences: how to choose the right statistical test? Biochem Med. 2010;15–32. doi:10.11613/BM.2010.004
5. Haq I, Nazir A. Which statistical hypothesis test should I apply? A simple guide for beginners. Int J Prev Med. 2016;7(1):81. doi:10.4103/2008-7802.183653
6. Sungur MA, Ankaralı H, Cangür Ş. Tek Değişkenli Modellerde Uygun Test İstatistiğinin Seçilmesi İçin Web Tabanlı Bir Kılavuz. Anadolu Kliniği Tıp Bilimleri Dergisi. 2017 Jan 5;22(1):24–24. doi:10.21673/anadoluklin.284434
7. Mishra P, Pandey C, Singh U, Keshri A, Sabaretnam M. Selection of appropriate statistical methods for data analysis. Ann Card Anaesth. 2019;22(3):297. doi:10.4103/aca.ACA_248_18
8. Ranganathan P. An Introduction to Statistics: Choosing the Correct Statistical Test. Indian Journal of Critical Care Medicine. 2021 May 1;25(S2):S184–6. doi:10.5005/jp-journals-10071-23815
9. Najmi A, Sadasivam B, Ray A. How to choose and interpret a statistical test? An update for budding researchers. Journal of Family Medicine and Primary Care. 2021 Aug 27;10(8):2763–7. doi:10.4103/jfmpc.jfmpc_433_21
10. Abdi SJ. A Comprehensive Guide for Selecting Appropriate Statistical Tests: Understanding When to Use Parametric and Nonparametric Tests. OJS. 2023;13(04):464–74. doi:10.4236/ojs.2023.134023
11. Jaykaran. How to select appropriate statistical test? Journal of Pharmaceutical Negative Results. 2010;1(2):61–3. doi:10.4103/0976-9234.75708

12. Windish DM, Diener-West M. A clinician-educator's roadmap to choosing and interpreting statistical tests. J Gen Intern Med. 2006 Jun;21(6):656–60. doi:10.1111/j.1525-1497.2006.00390.x

13. Johnson LR, Karunakaran UD. How to Choose the Appropriate Statistical Test Using the Free Program "Statistics Open For All" (SOFA). Annals of Community Health. 2014;2(2):54–62.

14. Suner A, Karakülah G, Koşaner Ö, Dicle O. StatXFinder: a web-based self-directed tool that provides appropriate statistical test selection for biomedical researchers in their scientific studies. SpringerPlus. 2015 Dec;4(1):633. doi:10.1186/s40064-015-1421-9

15. Azlan N, Idris N, Ahmad Snd. Solving the Statistical test Selection Problem in Hypothesis Testing. 2016.

16. Acikel C, Kilic S. A guide for Selecting Statistical Techniques for Medical Studies. JMOOD. 2014;4(3):136. doi:10.5455/jmood.20140707045407

17. Flores-Ruiz E, Miranda-Novales MG, Villasís-Keever MÁ. El protocolo de investigación VI: cómo elegir la prueba estadística adecuada. Estadística inferencial. Revista Alergia México. 2017;64(3):364–70. doi:10.29262/ram.v64i3.304

18. Chicco D, Sichenze A, Jurman G. A simple guide to the use of Student's t-test, Mann-Whitney U test, Chi-squared test, and Kruskal-Wallis test in biostatistics. BioData Mining. 2025 Aug 20;18(1):56. doi:10.1186/s13040-025-00465-6

19. Khalaf SD. IFST2BR: An Interpretive Framework for Statistical Tests Aimed at Budding Biological Researchers. Int J Clin Biostat Biom. 2025 Mar 22;11(1):1–9. doi:10.23937/2469-5831/1510056

20. Krumm P, Böttcher N, Ottermanns R, Pufe T, Fragoulis A. BioMedStatX – Statistical workflows for reliable biomedical data analysis. MethodsX. 2026 Jun;16:103776. doi:10.1016/j.mex.2025.103776

21. Gunawardena N. Choosing the correct statistical test in research. Sri Lanka J Child Health. 2011 Dec 7;40(4):149–53. doi:10.4038/sljch.v40i4.3838

22. Gómez-Gómez M, Danglot-Banck C, Vega-Franco L. Cómo seleccionar una prueba estadística (Primera de dos partes). Revista Mexicana de Pediatría. 2013;80(1):30–4.

23. Gómez-Gómez M, Danglot-Banck C, Vega-Franco L. Cómo seleccionar una prueba estadística (Segunda parte). Revista Mexicana de Pediatría. 2013;80(2):81–5.

24. Chavarría Ávila E, Fajardo López ER, Torres Mendoza BM de G. ¿Cómo seleccionar una prueba estadística? Metodología, Instrumentación, Lógica, Estadística, Evidencias y Epistemología en Salud. 2023;1(15(5)):31–4.

25. Trajkovski V. How to Select Appropriate Statistical Test in Scientific Articles. JSER. 2016 Jan 1;3–4(17):5–5. doi:10.19057/jser.2016.7

26. Boza Torres PE, Liriano Leyva O, Pérez Sánchez Y, Fonseca González RL. Guía práctica para seleccionar una prueba estadística a aplicar en una investigación biomédica. Multimed. 2022;26(6):e2196.

27. Subedi S. Several Appropriate Statistical Techniques in Research. Damak Campus J. 2023 Dec 31;11(1):53–67. doi:10.3126/dcj.v11i1.63483

28. Hailemeskel Abebe T. The Derivation and Choice of Appropriate Test Statistic (Z, t, F and Chi-Square Test) in Research Methodology. ML. 2019;5(3):33. doi:10.11648/j.ml.20190503.11

29. Srivastava S, Punyani SR, Vazalwar D, Joshi A, Pakhare AP. ChooseMyStat: A Web-Based Interactive Tool for Statistical Test Selection and Analysis Plan Generation in Clinical Research. medRxiv. 2026 Jun 3. doi:10.64898/2026.06.02.26354730

30. Shukla M, Pandey D, Kaur S, Agarwal M, Goyal A, Sharma H. Evaluating the Accuracy and Explanatory Quality of Large Language Models ChatGPT, Claude, DeepSeek, Gemini, Grok, and Le Chat in Statistical Test Selection for Hypothesis Testing Decisions. Cureus. 2025 Oct 19. doi:10.7759/cureus.94949

ACERCA DEL AUTOR

José Supo es médico, magíster en Ciencias con mención en Medicina y doctor en Ciencias con mención en Salud Pública. Es profesor universitario, investigador científico y fundador de la Sociedad Hispana de Investigadores Científicos.

Su línea de investigación se concentra en el análisis de datos aplicado a la investigación científica. Ha desarrollado propuestas para articular el propósito del estudio, el nivel investigativo, las variables, lo objetivos y los procedimientos estadísticos en diferentes campos profesionales.

Su producción académica parte de una idea central: la estadística adquiere sentido cuando responde a una pregunta científica claramente formulada.

José Antonio Supo Condori
Médico Cirujano
Magíster en Ciencias: Medicina
Doctor en Ciencias: Salud Pública
Profesor universitario e investigador científico
Sociedad Hispana de Investigadores Científicos
ORCID: 0000-0002-7115-4563

Cómo elegir una prueba estadística

6 criterios para seleccionar procedimientos estadísticos en tesis y artículos científicos

BIOESTADISTICO

Lima · Perú

Escanee el código para acceder a los recursos del lector

www.ingramcontent.com/pod-product-compliance
Lightning Source LLC
LaVergne TN
LVHW060547061126
851857LV00017B/1926
* 9 7 8 6 1 2 9 9 1 6 3 4 7 *